GIS设备状态的
声光热感知技术

国网宁夏电力有限公司电力科学研究院　组编

中国电力出版社
CHINA ELECTRIC POWER PRESS

内 容 提 要

本书共分三章,分别阐述了基于开关操作暂态声振信号的气体绝缘金属封闭开关设备(GIS)机械状态检测的机理、方法与系统搭建,基于电磁场-流场-热场耦合的 GIS 内部温度场分析技术与诊断方法,基于电-光测量的 GIS 局部放电检测传感器特性与系统构成。

本书适用于从事高压电气设备试验、检修、运行人员及相关管理人员,也可作为制造部门、科研单位相关人员,以及电气专业研究生的参考用书。

图书在版编目(CIP)数据

GIS 设备状态的声光热感知技术/国网宁夏电力有限公司电力科学研究院组编. —北京:中国电力出版社,2023.11

ISBN 978-7-5198-8182-5

Ⅰ.①G…　Ⅱ.①国…　Ⅲ.①气体绝缘－金属封闭开关－设备状态监测　Ⅳ.①TM564

中国国家版本馆 CIP 数据核字(2023)第 183669 号

出版发行：中国电力出版社

地　　址：北京市东城区北京站西街 19 号(邮政编码 100005)

网　　址：http://www.cepp.sgcc.com.cn

责任编辑：陈　丽(010-63412348)

责任校对：黄　蓓　于　维

装帧设计：赵丽媛

责任印制：石　雷

印　　刷：三河市航远印刷有限公司

版　　次：2023 年 11 月第一版

印　　次：2023 年 11 月北京第一次印刷

开　　本：710 毫米×1000 毫米　16 开本

印　　张：12.25

字　　数：189 千字

印　　数：0001—1000 册

定　　价：66.00 元

编 委 会

前　言

　　因具有占地面积少、维护工作量小等优点，气体绝缘全封闭组合电器设备（GIS）在电网中得到越来越广泛的应用。特高频、超声波局放检测、SF_6气体分解产物分析等状态检测手段在发现设备缺陷方面发挥着重要作用，但现场运行经验表明，仍然存在诸如内部遗留物、导电回路连接异常、局部热点等缺陷类型。目前缺乏有效检测手段，导致 GIS 设备运行中故障时有发生。由于设备高度集成，此类故障的发生对电网安全具有致命性影响。因此，为及时全面有效发现并消除 GIS 设备缺陷，亟须新的全面检测方法以提升 GIS 设备的状态检测能力。

　　GIS 导电杆的长度可达到数十、甚至上百米，通过环氧材料制成的绝缘子支撑固定，并由接地的金属外壳所遮蔽，内部充以 SF_6 气体进行绝缘。在电动力、机械力和温度的作用下，GIS 组部件易出现连接松动、弹簧失效、绝缘子磨损、破裂等缺陷，最终导致 GIS 设备发生机械、电气和绝缘故障。GIS 设备导体连接松动等机械缺陷隐蔽性强，难以在设备运行中有效检测；SF_6 气体导热性差，难以通过红外成像诊断 GIS 设备内部电气发热缺陷；特高频、超声局放和 SF_6 气体分解物检测对绝缘子裂纹和磨损，以及内部异物等缺陷不敏感，难以及时发现 GIS 设备绝缘缺陷。本书针对以上问题，通过对 GIS 设备开关操作声振动态特性及其检测方法进行研究，实现了 GIS 设备机械缺陷的有效检测；通过基于流场–热场耦合的 GIS 设备内部温度场分析方法研究，实现了 GIS 设备内部导体异常发热的红外图谱诊断；通过对基于荧光光纤的 GIS 设备局部放电光学检测方法研究，有效提高了局部放电检测的灵敏度。

　　本书阐述了基于开关操作暂态声振信号的 GIS 设备机械状态检测的机

理、方法与系统搭建，基于电磁场−流场−热场耦合的 GIS 内部温度场分析技术与诊断方法，基于电−光测量的 GIS 局部放电检测传感器特性与系统构成。期望本书为推动 GIS 设备状态检测技术的发展提供帮助，全面提升设备运行的安全性和可靠性。本书的编写得到西安交通大学李军浩老师、韩旭涛老师，国网上海电力公司电力科学研究院司文荣、邓先钦，以及国网河北省电力有限公司经济技术研究院邢琳的大力支持和帮助，在此表示感谢。限于作者水平，书中不妥和错误之处在所难免，恳请专家、同行和读者给予批评指正。

作　者

2023 年 9 月

目 录

第一章

基于GIS 开关操作声振特征的机械缺陷检测

GIS 开关操作声振信号特征

通过研究 GIS 开关操作声振信号特征，以进行 GIS 机械缺陷检测。建立 GIS 开关操动机构声学仿真模型，进行辐射声场的仿真分析；根据 GIS 设备开关操作时所产生的振动激励特征，建立激励源及传播路径的仿真模型，对设备外壳振动响应信号进行建模仿真与分析，研究开关操作作为激励源时的 GIS 外壳振动信号特征。

一、基于 GIS 开关操作外壳振动特性的建模

（一）仿真模型的构建

仿真工作共包含以下四个部分。首先，对室内 GIS 构建几何仿真模型；然后，对模型进行前处理，包括划分网格、赋予材质、定义接触、施加约束、载荷等内容；接着，使用求解器计算建立仿真模型；最后，对模型进行后处理，得到相关的试验数据。

根据 GIS 设备实际结构对建立的仿真模型进行一定的改动和简化，建立了如图 1-1 所示的 GIS 设备仿真模型。仿真模型中，断路器直径 0.8m，高 2m，动触头连接的导杆距离地面 0.5m，静触头连接的导杆距离地面 1.5m，GIS 中盆子直径 0.5m，导杆直径 0.125m。

根据实际运行经验，GIS 断路器灭弧室的运行效果主要与其机械特性有关，因此重点考虑其机械性能。图 1-2 为 GIS 断路器灭弧触头几何仿真模型，其中，断路器触头主要包含壳体、静触头、动触头及动触头底座四个部分，动、静触头采用了插入式结构。

通过布尔运算将部件的几个部分连接起来，在划分网格时两部分连接处的网格保持一致，各部分通过这种方式形成一个整体。由于仿真中需要考虑螺栓紧固的问题，因此在盆式绝缘子与 GIS 壳体的连接处设置螺栓孔位。划

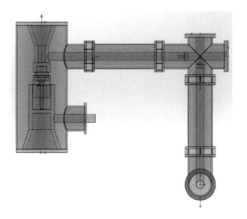
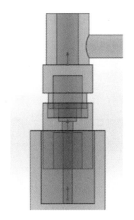

图 1-1　GIS 设备仿真模型　　　　图 1-2　GIS 断路器灭弧室

触头几何仿真模型

分网格时，由于孔位处小于其他部分的尺寸，因此首先对孔位的内壁细化网格，然后再对其他各部分划分网格，避免错误划分网格。盆式绝缘子与壳体通过螺栓进行连接，仿真模型中将连接盆式绝缘子与壳体的螺栓孔壁上网格各点与一点相连，使以上各点之间保持恒定的相对位移，从而模拟现实中螺栓紧固后的状况。螺栓处的仿真模型如图 1-3 所示，模型细节如图 1-4 所示。

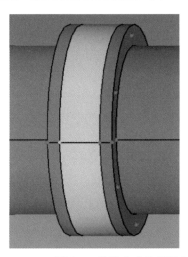
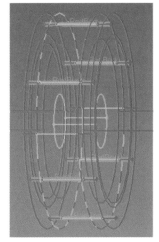

图 1-3　连接盆式绝缘子与壳体的螺栓仿真模型

图 1-4　螺栓仿真模型细节

图 1-1 模型中的外壳和导杆的材质为铝，图 1-2 模型中触头部分的材质为铜，图 1-3 模型中盆式绝缘子的材质为环氧树脂，各仿真模型材料参数如表 1-1 所示。

表 1-1 仿真模型材料参数表

材料	密度（kg/m³）	杨氏模量（GPa）	泊松比	屈服强度（MPa）
铝	2.7×10^3	70	0.33	180
环氧树脂	1.5×10^3	7	0.24	65
铜	8.9×10^3	110	0.32	350

断路器的合闸时间往往低于 100ms，其合闸速度为 2～2.5m/s，刚合速度约为 4m/s，动静触头开距约为 0.16m。仿真模型中动静触头间距为 0.05m，按照 80ms 的合闸时间、0.16m 的触头开距以及 4m/s 的刚合速度，设置动触头初速度为 3.32m/s、加速度为 50m/s²。

GIS 仿真模型中，将断路器底部和母线底部连接地面，因此对其施加了固定约束。部件之间存在接触，需要定义面与面之间的接触。另外，由于模型本身较大，所需仿真计算时间很长，需要对模型整体进行质量缩放，在保证计算结果准确的前提下，大幅减少仿真计算所需的时间。质量缩放会对仿真结果造成一定的影响，通过关键字控制质量缩放的程度，可以尽可能减少该部分的影响。

（二）仿真结果及分析

1. 无缺陷状态下断路器合闸时的振动信号特征

为展现振动信号的传递过程，在 GIS 壳体及内部选取不同的点位，获得各点处的时域波形曲线。根据不同路径采集各点位的振动情况，得到以下结果。

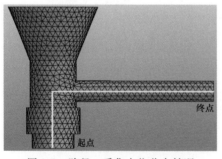
图 1-5 路径一采集点位分布情况

（1）路径一：静触头表面至第一个盆式绝缘子。选取断路器内部静触头表面至第一个盆式绝缘子路径上的点位进行采集，展示触头碰撞后振动从静触头到盆式绝缘子的传递过程。点位采集路径如图 1-5 所示。

图 1-6 展示起点处导杆点位的 d-t、v-t 和 a-t 曲线。观察起点处静触头表面的位移 d、速度 v 和加速度 a 关于时间 t 变化的曲线，在 0.012s 时，动静触头之间发生了碰撞，静触头开始振动，并呈现出阻尼振动的趋势；在 0.042s 时，动静触头之间发生第二次碰撞，使得静触头加速度产生突变，接着对静触头原本振动衰减的趋势产生影响。随着时间的推移，在动静触头发生多次碰撞之后，振动的位移、速度和加速度都不断减小。

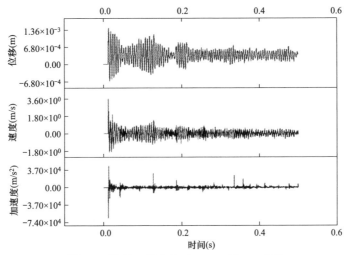

图 1-6　路径—起点处 d-t、v-t 及 a-t 曲线

图 1-7 所示为终点处导杆点位的 d-t、v-t 和 a-t 曲线。在 0.012s 时，该

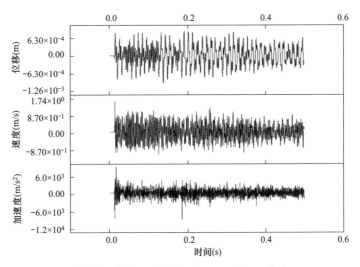

图 1-7　路径—终点处 d-t、v-t 及 a-t 曲线

点位出现有振动信号。振动经过静触头和导杆的传递，在该点位已无法清晰辨明动静触头第二次碰撞的时间。

统计该路径上所有点位的加速度峰值，可以得到图1-8。图中起点处加速度较大为6.6×10^4 m/s²，在第10点位附近为静触头较突出的部位，该部位为实心结构，出现了较大的加速度峰值7×10^4 m/s²，其两侧出现较大的加速度峰值变化。延伸出来的导杆上，加速度的峰值变化小，相对比较稳定。

（2）路径二：盆式绝缘子表面及两侧GIS壳体表面。选取盆式绝缘子表面及其两侧GIS壳体表面上的点位，沿壳体的上、中、下三组路径进行采集，展示触头碰撞后GIS外壳上的振动情况。点位采集路径如图1-9所示。

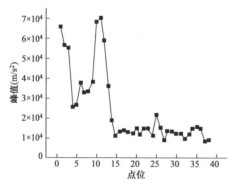
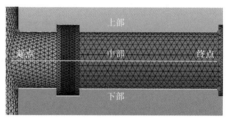

图1-8 路径一各点加速度峰值分布　　　图1-9 路径二采集点位分布情况

统计各路径上所有点位的加速度峰值，可以得到图1-10。图中红线为中部路径的加速度峰值曲线，与上部和下部的趋势变化有较为明显的差异。上部和下部两条曲线的趋势相近，但在第13点位与第22点位区间有较大差异，该处在仿真模型中为盆式绝缘子。在上部路径，13号点位处的加速度峰值为5657m/s²，22号点位处的加速度峰值为6136m/s²。在下部路径，13号点位处的加速度峰值为6521m/s²，22号点位处的加速度峰值为5055m/s²。

2. 设备内部存在异物

如图1-11所示，在GIS仿真模型的母线筒内壁加入异物，异物类型选用手电筒。手电筒结构可分为外壳和插销两部分，通过关键字将手电筒的两部分相连，使其保持恒定的相对位移。将手电筒放置于筒体内壁，对手电筒施加竖直向下10m/s²的重力加速度，并定义手电筒和筒壁的接触。

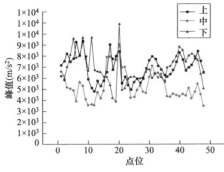

图 1-10　路径二各点加速度峰值分布　　图 1-11　仿真模型中 GIS 设备内部放置异物

在手电筒正下方选取点位提取设备外壳振动加速度时域数据，并作出对应的频谱图（见图 1-12 和图 1-13）。同一点位，没有异物时和存在异物时的频谱图基本一致，可以看出，在 449、1509、2138Hz 和 2578Hz 等频率分量具有较高的幅值。两幅频谱图中，5000Hz 以上频段的频率分量较少，对 5000Hz 以上频段单独绘制频谱图，绘制结果如图 1-14 和图 1-15 所示。

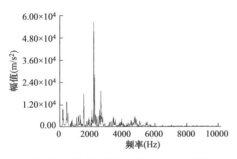

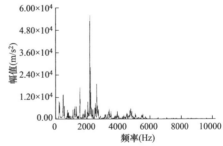

图 1-12　没有异物时振动信号频谱图　　图 1-13　存在异物时振动信号频谱图

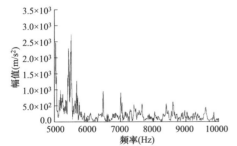

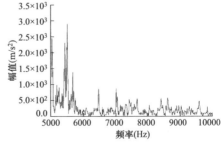

图 1-14　没有异物时 5000~10000Hz 频谱图　　图 1-15　存在异物时 5000~10000Hz 频谱图

从图 1-14 和图 1-15 可以看出，母线筒内没有异物和存在异物时，频谱在 5517Hz 均出现有较高的幅值。母线筒内存在异物时该点位幅值为 $2907m/s^2$，略高于母线筒内不存在异物的 $2727\mathrm{m/s^2}$，说明异物的存在，会引起较高频段信号幅值的增加但增幅不明显，因此需要对该仿真模型进行修改，使异物对设备外壳振动信号的影响更为显著。

3. 设备外壳连接松动

通过改变仿真模型中模拟螺栓紧固相关关键字的设置，模拟该点位螺栓松动的情况。分别对存在有 1 处、2 处和 3 处螺栓松动的情况进行仿真计算。

在三种条件下，在盆式绝缘子上采集一点的振动情况，得到该点处的位移时间信号，并对信号曲线进行频谱分析，与无缺陷条件下的频谱进行对比，能够得到图 1-16 中的结果。从图 1-16 可以看出，随着螺栓松动缺陷数量的增加，不同缺陷数量的位移信号频谱在 800Hz 范围内的频率分布较为相似，而 1000～1400Hz 范围内的频率有所增加。1 处松动时，在 1300Hz 附近的频率分布相对无缺陷时较大；2 处松动时，能够观察到在 1305Hz 出现有较大幅值；3 处松动时，在 1200～1400Hz 频率范围分布的位移信号幅值相较于 1 处、2 处缺陷时较高。

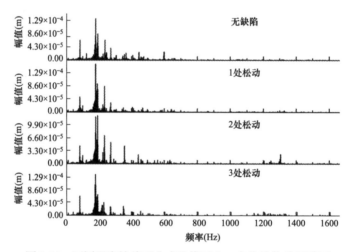

图 1-16 不同程度缺陷下盆式绝缘子上一点位移信号频谱图

根据仿真结果可知，当 3 处螺栓均紧固时，位移信号频谱在较高频段的信号幅值极小，信号频率主要分布在处于较低频段的 0～400Hz。当出现螺栓松动缺陷时，位移信号频谱在较高频段会出现较为明显的频率分布。存在 2 处螺栓松动缺陷时，高频信号分量多于存在 3 处螺栓松动缺陷时的情况，高频信号分量没有随螺栓松动缺陷的增多而变大。

二、基于 GIS 开关操作外壳声学特性的建模

由于 GIS 断路器传动机构结构复杂,仿真模型不易建立。因此,可通过测量断路器分合闸时的振动信号,并将其作为 GIS 母线筒的振动信号,即仿真模型中的振源,来对此时 GIS 母线筒周围的辐射声场分布进行仿真计算。

采用有限元软件,以试验室三相共箱 GIS 母线筒为原型建立仿真模型,母线筒尺寸如表 1-2 所示。

表 1-2   **母 线 筒 尺 寸**   （mm）

参数	数值
母线筒长度	982
母线筒半径	250
母线筒厚度	8
绝缘盆厚度	70
绝缘盆半径	315
导电杆半径	50

母线筒和导电杆为铝合金,绝缘盆为环氧树脂,具体参数如表 1-3 所示。

表 1-3   **材 料 参 数 表**

材料名称	密度（kg/m³）	杨氏模量（Pa）	泊松比
铝合金	2700	6.9×10^{10}	0.33
环氧树脂	2000	10^9	0.38

根据 GIS 实际结构,母线筒中部有两个支架,支架对于 GIS 的支撑作用主要由其抗弯刚度决定,支架抗弯刚度计算式为

$$K = 3EI/h^3 \tag{1-1}$$

式中:E 为支架的杨氏模量,取 $2.1 \times 10^7 \text{N/m}^2$;$I$ 为惯性矩;h 为支架高度,取 0.2m。

采用矩形模型计算支架的惯性矩,即

$$I = \frac{bl^3}{12} \tag{1-2}$$

式中:b 为支架宽度,取 0.15m;l 为支架长度,取 0.5m。

根据计算结果,支架抗弯刚度约为 $1.23 \times 10^7 \text{N/m}$,因此在模型中的支架

图 1-17　母线筒模型

位置添加刚度为 $1.23 \times 10^7 \mathrm{N/m}$ 的弹簧约束模拟 GIS 母线筒下方的支架的刚度。根据三相共箱套管的布置方式，在 GIS 套管端的母线筒端板添加 300kg 的质量约束，用于模拟三相套管的重量。考虑到断路器固定在地面上且断路器重量与刚度大，因此可以视为固定不动，因此在断路器端的母线筒端板添加固定约束。最终得到如图 1-17 所示的 GIS 母线筒的模型。

实测得到的 GIS 断路器分合闸时的振动信号如图 1-18 所示。将该信号作为模型中 GIS 外壳的振动信号，得到在该振动信号下，GIS 母线筒周围不同时刻的声场分布结果如图 1-19 所示。

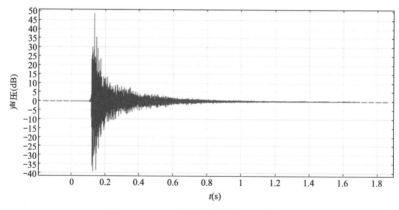

图 1-18　GIS断路器分合闸振动信号

可以看出在 $t = 0.15\mathrm{s}$ 的起始时刻，GIS 母线筒周围的声场分布较为均匀，各处的声压级都较大，大部分位置达到了 60dB，还有小部分位置甚至达到了 86dB。声压级呈现从中间向四周逐渐衰减的特点。

当 $t = 0.2\mathrm{s}$ 时，声压级分布呈现出方向特征。沿 $\pm X$ 方向、$\pm Y$ 方向的声压级较大，其他方向的声压级有不同程度的衰减。此时，紧邻母线筒处的声压级依旧为 60dB，随着距离母线筒的位置越来越远，声压级逐渐衰减至 40dB。

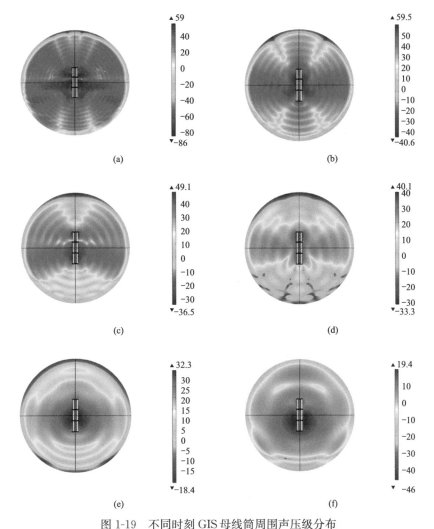

图 1-19　不同时刻 GIS 母线筒周围声压级分布

（a）$t=0.15$s；（b）$t=0.2$s；（c）$t=0.3$s；（d）$t=0.5$s；（e）$t=0.8$s；（f）$t=0.9$s

当 $t=0.3$s 时，声压级分布的方向特征更加明显。沿 $\pm X$ 方向的声压级较大，沿 $\pm Y$ 方向的声压级较之前有了明显衰减。此时，$\pm X$ 方向紧邻母线筒处的声压级衰减为 49dB，随着距离母线筒的位置越来越远，声压级逐渐衰减至 20dB。$\pm Y$ 方向紧邻母线筒处的声压级衰减为 25dB，随着距离母线筒的位置越来越远，声压级逐渐衰减至 5dB。

当 $t=0.5$s 时，声压级分布的方向特征依旧明显。沿 $\pm X$ 方向的声压级较大，沿 $\pm Y$ 方向的声压级衰减至很小的级别。此时，$\pm X$ 方向紧邻母线筒处的声压级衰减为 40dB，随着距离母线筒的位置越来越远，声压级逐渐衰减至 20dB。±Y 方向的声压级由 30dB 逐渐衰减为 5～10dB。

当 $t=0.7s$ 时，声压级分布的方向特征不再明显。沿±X 方向和沿±Y 方向的声压级差异很小。此时，紧邻母线筒处的声压级衰减为 20dB。声压级由中心向四周逐渐衰减，由 30dB 逐渐衰减为 0dB，如图 1-19 所示。

—— 第二节 ——

GIS 开关操作辐射声学及外壳振动的 缺陷信号特性

为研究 GIS 开关操作声学及外壳振动的缺陷信号特性，搭建 110kV GIS 试验平台，对 GIS 断路器操作的辐射声学特征进行试验验证，测量断路器正常、异常状态下分、合闸时的振动和声音，研究其辐射声学及外壳振动缺陷信号特征。

一、GIS 开关操作的辐射声学特性

（一）试验平台

使用 110kV GIS 作为试验对象，并按照如下步骤搭建试验平台：在每段母线筒上粘贴 2 个振动加速度传感器，断路器本体粘贴 1 个振动加速度传感器，从左至右编号为 1～7，在断路器外壳旁 0.3m 处放置一个声压传感器，编号为 8。随后，通过数据采集卡将传感器连接至电脑端的测量软件并设置测量参数，如图 1-20 所示。

在断路器振动试验中，由于断路器分合闸过程持续时间较长，因此将测量时长设置为 15s，采样频率设置为 10.24kHz。

在 GIS 开关进行分合闸时，弹簧中储存的能量驱动传动机构，带动触头分离、接触，从而实现分合闸。因此，在分合闸时，传动机构会迫使断路器剧烈振动。根据断路器分合闸时的振动产生机理，试验建立了 GIS 开关振动试验平台。分别测量断路器正常状态和缺陷状态下的振动和声音信号。

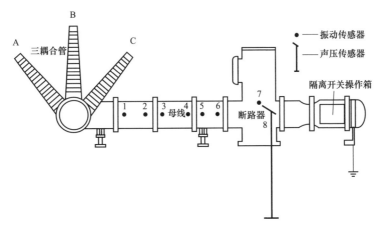

图 1-20　GIS断路器振动试验平台

（二）常见缺陷模拟

为测量 GIS 开关在不同机械缺陷下的振动特性，试验计划在断路器处设置的缺陷有弹簧疲劳缺陷、传动机构卡涩和控制回路电压过低。

1. 弹簧疲劳缺陷

分合闸弹簧在多次动作后，会出现机械老化疲劳，导致分合闸储能不足。试验中计划通过松动分合闸弹簧的紧固螺栓，减小弹簧驱动机构的储能行程，模拟弹簧疲劳松动故障，如图 1-21 所示。

图 1-21　分合闸弹簧的紧固螺栓

2. 传动机构卡涩

多次动作后，断路器传动机构内部可能出现润滑失效，导致传动机构卡涩。试验中计划通过擦掉传动拐臂处的润滑油并使用一根轻质的弹性绳将传动轴与外壳连接，增大机构动作时的阻力，模拟传动机构卡涩，如图 1-22 所示。

3. 控制回路电压过低

将试品开关本身带的控制回路断开，接入高压开关测试仪的分合闸线圈电流控制接线端，通过高压开关测试仪调整输出电压，模拟电压过低的缺陷，图 1-23 所示为高压开关测试仪。

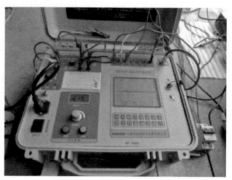

图 1-22　断路器传动机构　　　　图 1-23　高压开关测试仪

（三）检测结果与分析

1. 弹簧疲劳缺陷

测量断路器在弹簧疲劳下合闸的振动及声音信号，并对时域信号进行快速傅里叶变换（fast Fourier transform，FFT），结果如图 1-24 和图 1-25 所示。观察时域波形，断路器充能时间为 13.1s，与正常情况相比无明显变化。200～400Hz 频率范围内 8 个测点都有较大幅值的振动。1 号测点在 1000Hz 附近的振动幅值较大。

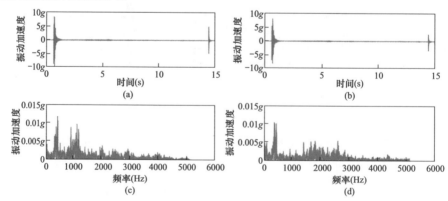

图 1-24　弹簧疲劳情况合闸时域与频域图（一）

(a) 1 号测点振动时域波形；(b) 2 号测点振动时域波形；(c) 1 号测点振动频谱；(d) 2 号测点振动频谱

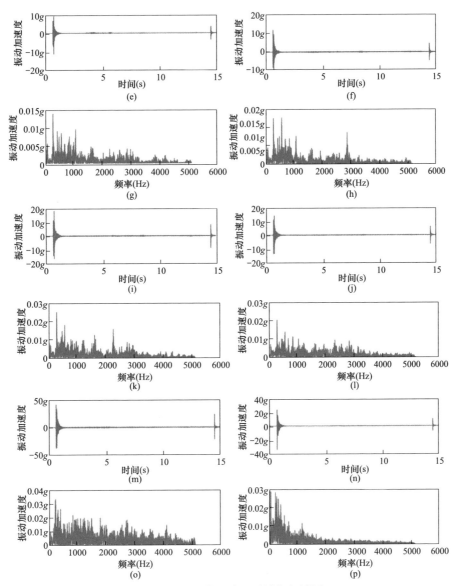

图 1-24 弹簧疲劳情况合闸时域与频域图（二）

（e）3号测点振动时域波形；（f）4号测点振动时域波形；（g）3号测点振动频谱；（h）4号测点振动频谱；

（i）5号测点振动时域波形；（j）6号测点振动时域波形；（k）5号测点振动频谱；（l）6号测点振动频谱；

（m）7号测点振动时域波形；（n）8号测点振动时域波形；（o）7号测点振动频谱；（p）8号测点振动频谱

　　测量断路器在弹簧疲劳下分闸的振动及声音信号，并对时域信号进行FFT。如图1-25所示，1号测点振动主要分布在1300Hz内，2号测点在2000Hz处振动幅值较大，3、4、5、6号测点在300Hz处有较大振动，7、8号测点则分布比较均匀。

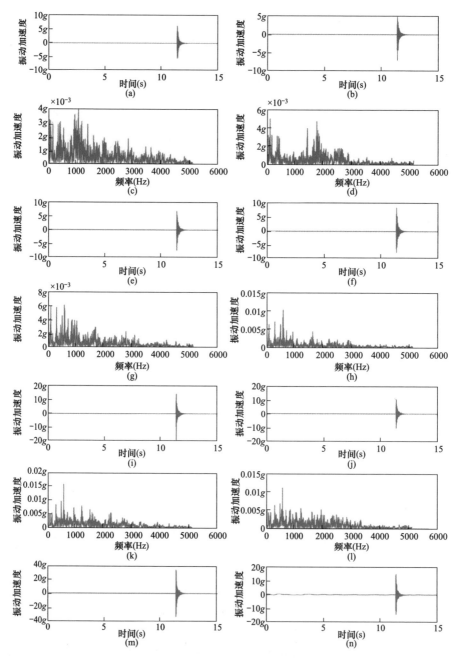

图 1-25　弹簧疲劳情况分闸时域与频域图（一）

(a) 1号测点振动时域波形；(b) 2号测点振动时域波形；(c) 1号测点振动频谱；(d) 2号测点振动频谱；

(e) 3号测点振动时域波形；(f) 4号测点振动时域波形；(g) 3号测点振动频谱；(h) 4号测点振动频谱；

(i) 5号测点振动时域波形；(j) 6号测点振动时域波形；(k) 5号测点振动频谱；(l) 6号测点振动频谱；

(m) 7号测点振动时域波形；(n) 8号测点振动时域波形

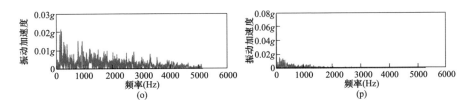

图 1-25 弹簧疲劳情况分闸时域与频域图（二）

(o) 7 号测点振动频谱；(p) 8 号测点振动频谱

2. 传动机构卡涩

测量断路器在传动机构卡涩下合闸的振动及声音信号，并对时域信号进行 FFT，结果如图 1-26 所示。断路器充能时间为 14.4s，比正常情况充能时间长。1 号测点振动峰值分布在 300Hz 及 1000Hz 处，2 号测点振动峰值分布在 300Hz 及 2000Hz 处，3、4、5、6 号测点的振动峰值分布在 300～1000Hz，7、8 号测点峰值出现在 300Hz 处。

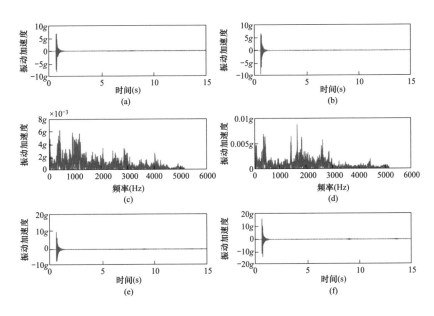

图 1-26 传动机构卡涩情况合闸时域与频域图（一）

(a) 1 号测点振动时域波形；(b) 2 号测点振动时域波形；(c) 1 号测点振动频谱；(d) 2 号测点振动频谱；

(e) 3 号测点振动时域波形；(f) 4 号测点振动时域波形

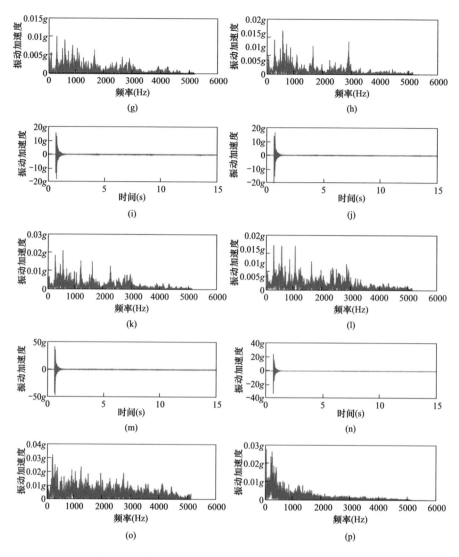

图 1-26　传动机构卡涩情况合闸时域与频域图（二）

（g）3 号测点振动频谱；（h）4 号测点振动频谱；（i）5 号测点振动时域波形；（j）6 号测点振动时域波形；
（k）5 号测点振动频谱；（l）6 号测点振动频谱；（m）7 号测点振动时域波形；（n）8 号测点振动时域波形；
（o）7 号测点振动频谱；（p）8 号测点振动频谱

　　测量断路器在传动机构卡涩下分闸的振动及声音信号，并对时域信号进行 FFT，结果如图 1-27 所示。1 号测点振动峰值在 1000Hz 处，2 号测点振动峰值在 2000Hz 处，3、4、5、6 号测点的较大幅值振动主要在 1000Hz 内，8 号测点振动主要集中在 1000Hz 内。

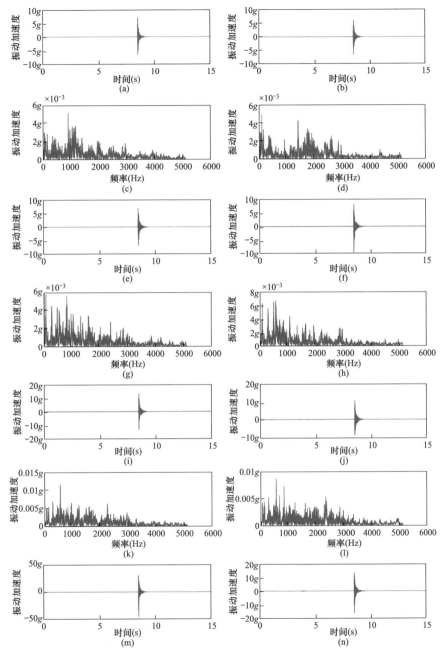

图 1-27 传动机构卡涩情况分闸时域与频域图（一）

（a）1 号测点振动时域波形；（b）2 号测点振动时域波形；（c）1 号测点振动频谱；（d）2 号测点振动频谱；

（e）3 号测点振动时域波形；（f）4 号测点振动时域波形；（g）3 号测点振动频谱；（h）4 号测点振动频谱；

（i）5 号测点振动时域波形；（j）6 号测点振动时域波形；（k）5 号测点振动频谱；（l）6 号测点振动频谱；

（m）7 号测点振动时域波形；（n）8 号测点振动时域波形

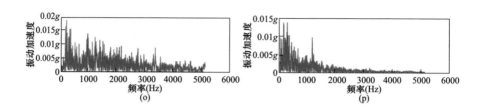

图 1-27　传动机构卡涩情况分闸时域与频域图（二）

(o) 7 号测点振动频谱；(p) 8 号测点振动频谱

3. 控制回路电压过低

测量断路器在控制回路电压为 200V 时合闸的振动及声音信号，并对时域信号进行 FFT，结果如图 1-28 所示。断路器充能时间为 13.7s。1 号测点在 300Hz 及 1000Hz 处有较大振动，2 号测点在 300Hz 及 2000Hz 处有较大振动，3、4、5、6 号测点振动峰值主要分布在 1000Hz 内，7 号测点振动分布比较均匀，8 号测点振动峰值在 300Hz 处。

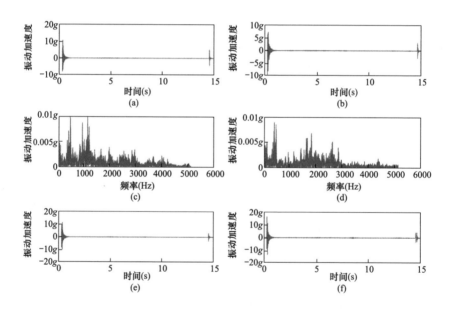

图 1-28　控制回路电压为 200V 合闸时域与频域图（一）

(a) 1 号测点振动时域波形；(b) 2 号测点振动时域波形；(c) 1 号测点振动频谱；(d) 2 号测点振动频谱；

(e) 3 号测点振动时域波形；(f) 4 号测点振动时域波形

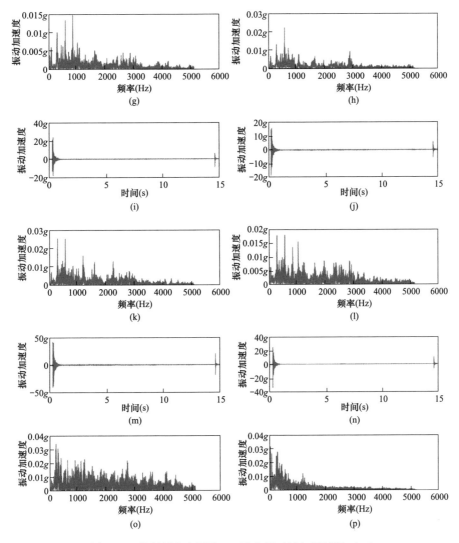

图 1-28　控制回路电压为 200V 合闸时域与频域图（二）

（g）3 号测点振动频谱；（h）4 号测点振动频谱；（i）5 号测点振动时域波形；（j）6 号测点振动时域波形；
（k）5 号测点振动频谱；（l）6 号测点振动频谱；（m）7 号测点振动时域波形；（n）8 号测点振动时域波形；
（o）7 号测点振动频谱；（p）8 号测点振动频谱

　　测量断路器在控制回路电压为 200V 下分闸的振动及声音信号，并对时域信号进行 FFT，结果如图 1-29 所示。1 号测点振动峰值在 1000Hz 处，2 号测点振动峰值在 300Hz 及 2000Hz 处，3 号测点在 1000Hz 内有多个振动峰值，4、5、6 号测点在 500Hz 处振动幅值较大，7、8 号测点分布较均匀，主要集中在 2000Hz 内。

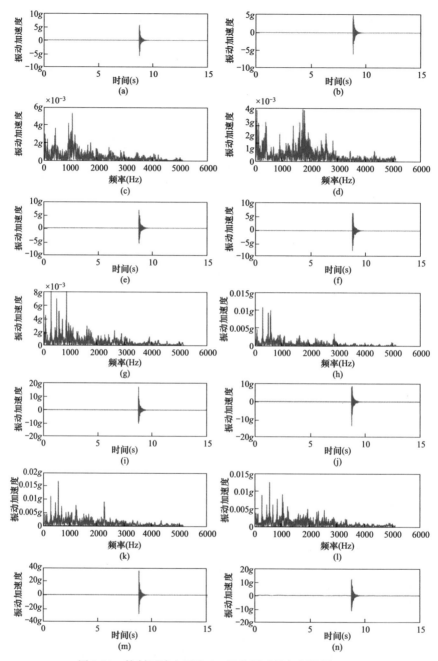

图 1-29　控制回路电压为 200V 分闸时域与频域图（一）

(a) 1 号测点振动时域波形；(b) 2 号测点振动时域波形；(c) 1 号测点振动频谱；(d) 2 号测点振动频谱；

(e) 3 号测点振动时域波形；(f) 4 号测点振动时域波形；(g) 3 号测点振动频谱；(h) 4 号测点振动频谱；

(i) 5 号测点振动时域波形；(j) 6 号测点振动时域波形；(k) 5 号测点振动频谱；(l) 6 号测点振动频谱；

(m) 7 号测点振动时域波形；(n) 8 号测点振动时域波形

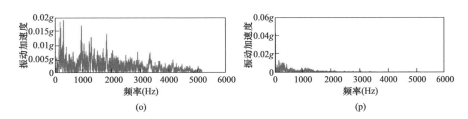

图 1-29 控制回路电压为 200V 分闸时域与频域图（二）

(o) 7 号测点振动频谱；(p) 8 号测点振动频谱

二、GIS 开关操作的外壳振动特性

（一）试验系统及设备基本参数

搭建 330kV GIS 设备试验平台（见图 1-30），该试验平台包含 363kV 六氟化硫断路器、隔离开关、母线、电流互感器、电压互感器等部分。

通过试验系统采集试验平台的各类数据信息。试验系统由 330kV GIS 设备、采集卡、振动加速度传感器和上位机组成，试验系统整体结构示意图如图 1-31 所示。GIS 设备在分闸、合闸操作后，操动机构会产生振动激励信号，从而使 GIS 设备外壳产生振动，经过 GIS 各元件将振动传递下去。在设备外壳布置振动加速度传感器，能够记录下振动响应信号，通过采集卡采集该振动响应信号，并将信号传输至上位机进行保存，现场试验之后进行数据处理。

图 1-30 330kV GIS 设备试验平台

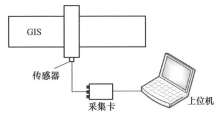

图 1-31 试验系统整体结构示意图

GIS 设备操作试验在母线与隔离开关部分进行，图 1-32 为两部分的主视图与左视图。母线长 0.81m，母线筒外径 0.4m，两侧法兰宽 0.03m。盆式绝缘子直径为 0.51m，厚度为 0.04mm。母线与盆式绝缘子通过 12 个螺栓相连接。

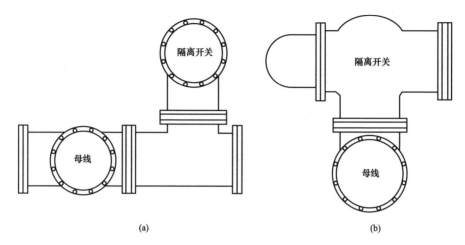

(a)   (b)

图 1-32　母线与隔离开关两部分示意图

(a) 主视图；(b) 左视图

　　母线侧面延伸出法兰，通过拆下法兰盖，可向母线筒底部放置异物。母线两侧法兰与盆式绝缘子通过螺栓相连接，试验中通过拆卸不同位置、数目的螺栓，以模拟设备外壳连接松动的情况。可以通过手动控制隔离开关动触头的位置，通过改变触头所在位置，实现隔离开关分闸、合闸以及不完全分合闸的情景，以模拟设备内部导体接触缺陷的情况。

　　试验中采用的测量设备为 UA328 采集卡、13100 型振动加速度传感器和上位机。振动加速度传感器为电压信号输出，供电由采集卡内置电源提供，采集卡自身供电方式为 USB 接口供电。采集卡的采样频率设置为 20kHz，单通道采样点数为 20000 个，采样时长为 1s。采集卡采集到振动加速度的时域数据后，对每一个测量点处测量到的数据经过筛选后可以得到较为可靠的试验数据，减少试验中存在的误差。13100 型振动加速度传感器主要参数如表 1-4 所示。

　　UA328 采集卡主要参数如表 1-5 所示。

表 1-4　　　　　　　　13100 型振动加速度传感器主要参数

性能指标	参数
灵敏度	50（±5%）mV/g
分辨率	0.0002g
频率范围（±10%）	0.5～10000Hz
测量范围	±100g

性能指标	参数
安装谐振频率	30kHz
工作温度	−40～+120℃
敏感元件材料	压电陶瓷

表 1-5   **UA328 采集卡参数表**

性能指标	参数
分辨率	16bit
精度	优于 0.02%（满量程）
最高采样频率	80kHz/通道
输入阻抗	>1MΩ
采样时钟	10M 晶振
触发方式	软件触发
内置恒流源	4mA/24V

（二）试验结果与分析

1. 母线筒内部存在异物

当母线筒内没有放置异物时，1号、2号和3号点位在 GIS 设备分闸时的振动加速度时域波形、频谱图和功率谱图如图 1-33 所示。由于功率谱图内较高频段的频率幅值较低，将 5000～10000Hz 频段的功率谱图单独绘制（见图 1-34）。

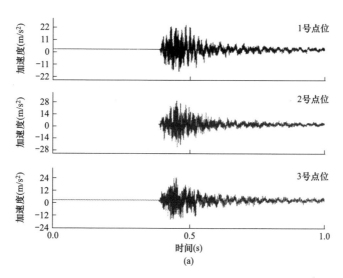

图 1-33　母线筒内没有放置异物，GIS 设备分闸时 1 号、

2 号和 3 号点位振动信号及分析结果（一）

（a）1 号、2 号和 3 号点位振动加速度时域波形

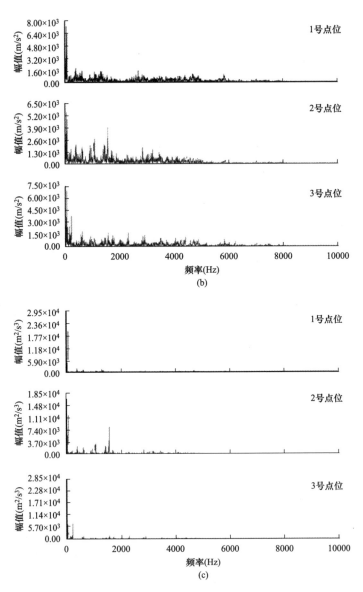

图 1-33　母线筒内没有放置异物，GIS 设备分闸时 1 号、

2 号和 3 号点位振动信号及分析结果（二）

（b）1 号、2 号和 3 号点位振动信号频谱图；（c）1 号、2 号和 3 号点位振动信号功率谱图

　　由于试验平台的母线筒距离断路器的操动机构较远，因此激励信号经过设备外壳传递至母线筒外壳后，振动加速度信号衰减较大，导致时域信号幅值较低。从采集到响应信号开始，选取 0.5s 的时域信号作为研究对象，进行信号分析，得到相应的频谱图和功率谱图。对比两种谱图，在 38、70、1084、

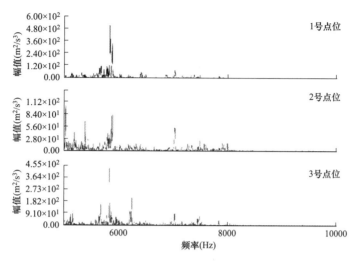

图 1-34　母线筒内没有放置异物，GIS 设备分闸时 1 号、

2 号和 3 号点位 5000～10000Hz 振动信号功率谱图

1582、2846Hz 等频率处均有较高的幅值，幅值较高的频率较为一致。然而频谱图中的频率信号幅值相对接近，功率谱图中不同频率的幅值对比明显，因此从功率谱图中更容易得到功率较大的频率信号。信号的功率分布集中在 2000Hz 以下，而 2000～4000Hz 有少量的功率分布，4000Hz 以上的功率分布极少。观察 5000～10000Hz 振动信号功率谱图，在 5800～5900Hz 的频段，振动信号功率分布相对较高，幅值在 $600\text{m}^2/\text{s}^3$ 以下。其他频段的近十个频率有较高幅值，除此之外的杂散频率的功率幅值极低。

母线筒内没有放置异物时，1 号、2 号和 3 号点位在 GIS 设备合闸时的振动加速度时域波形、频谱图和功率谱图如图 1-35 所示。

从时域波形信号能够看出，合闸时测得的 GIS 母线筒外壳的振动加速度信号幅值约为分闸时的一半，断路器操动时触头的分闸速度远大于合闸速度。类似的，对比两种谱图，在 38、70、620、1084、1582、2273Hz 等频率处均有较高的幅值，幅值较高的频率较为一致。信号的功率分布集中在 2000Hz 以下，而 2000～4000Hz 有少量的功率分布，4000Hz 以上的功率分布极少。观察 5000～10000Hz 振动信号功率谱图，在 6500Hz 以下的频段，振动信号功率分布相对较高，幅值在 $50\text{m}^2/\text{s}^3$ 以下。其他频段的近十个频率有较高幅值，除此之外的杂散频率的功率幅值极低。

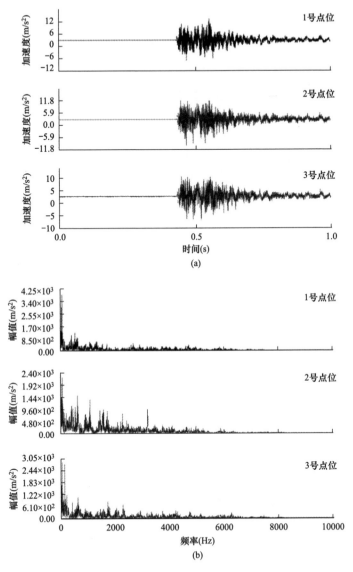

图 1-35　母线筒内没有放置异物，GIS 设备合闸时 1 号、

2 号和 3 号点位振动信号及分析结果（一）

（a）1 号、2 号和 3 号点位振动加速度时域波形；

（b）1 号、2 号和 3 号点位振动信号频谱图

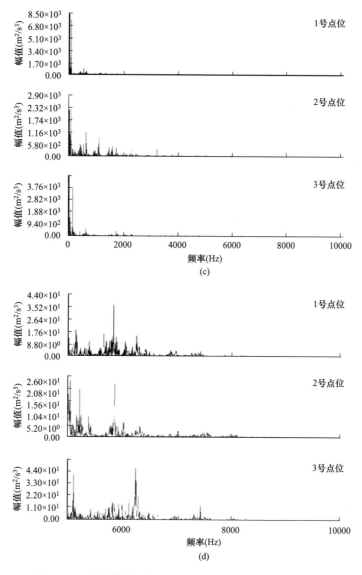

图 1-35 母线筒内没有放置异物，GIS 设备合闸时 1 号、

2 号和 3 号点位振动信号及分析结果（二）

（c）1 号、2 号和 3 号点位振动信号功率谱图；

（d）1 号、2 号和 3 号点位 5000～10000Hz 振动信号功率谱图对比分合闸时域波形、频谱图和功率谱图，幅值较高信号的功率集中分布在 2000Hz 以下的几个功率幅值较高的频率上，而 2000～4000Hz 的某些频率有少量的功率分布，4000Hz 以上的功率分布极少，幅值相对极低。

母线筒内没有放置异物时，4 号、5 号和 6 号点位在 GIS 设备分闸时的振动加速度时域波形、频谱图和功率谱图如图 1-36 所示。观察分闸时 4 号、5 号

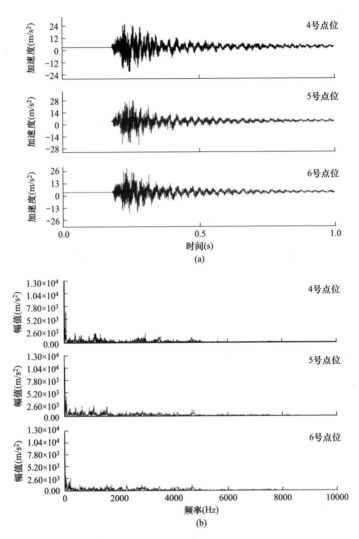

图 1-36　母线筒内没有放置异物，GIS 设备分闸时 4 号、

5 号和 6 号点位振动信号及分析结果（一）

（a）4 号、5 号和 6 号点位振动加速度时域波形；（b）4 号、5 号和 6 号点位振动信号频谱图

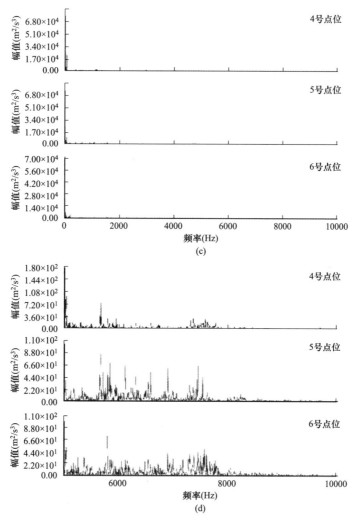

图 1-36　母线筒内没有放置异物，GIS 设备分闸时 4 号、

5 号和 6 号点位振动信号及分析结果（二）

（c）4 号、5 号和 6 号点位振动信号功率谱图；（d）5000～10000Hz 振动信号功率谱图

和 6 号点位振动信号频谱图，在 38Hz 的频率幅值最大，100Hz 内有较高的频率幅值，5000Hz 以内有较明显的频率分布。4 号、5 号和 6 号点位振动信号功率谱图中，在 38Hz 处的功率幅值最大，而其他频率处有极少的功率分布。5000～10000Hz 振动信号功率谱图中，8000Hz 以下频段可见功率分布，幅值在 100m²/s³ 以下，而 8000Hz 以上频段几乎没有功率的分布。

母线筒内没有放置异物时，4 号、5 号和 6 号点位在 GIS 设备合闸时的振动加速度时域波形、频谱图和功率谱图如图 1-37 所示。观察合闸时振动加速度的频谱图，类似的，在 38Hz 的频率幅值最大，100Hz 内有较高的频率幅值，5000Hz 以内有较明显的频率分布，5000Hz 以上有较少的频率分布。

图 1-37（c）功率谱图中，在 38Hz 处的功率幅值最大，功率主要分布在100Hz 以内频段，而其他频率处极少有的功率分布。5000～10000Hz 振动信号功率谱图中，8000Hz 以下频段可见明显功率分布，幅值在 $100m^2/s^3$ 以下，而 8000Hz 以上频段的功率分布较少。

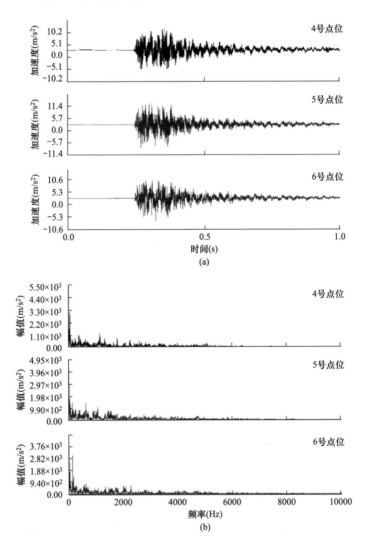

图 1-37　母线筒内没有放置异物，GIS 设备合闸时 4 号、

5 号和 6 号点位振动信号及分析结果（一）

（a）4 号、5 号和 6 号点位振动加速度时域波形；（b）4 号、5 号和 6 号点位振动信号频谱图

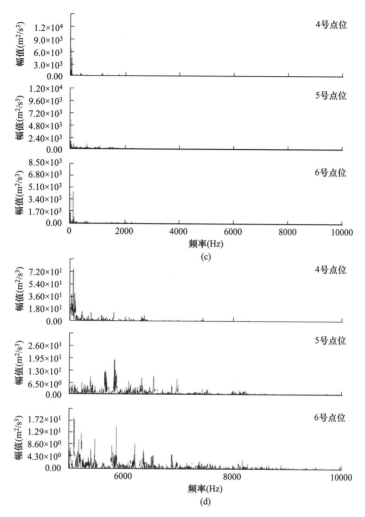

图 1-37　母线筒内没有放置异物，GIS 设备合闸时 4 号、

5 号和 6 号点位振动信号及分析结果（二）

（c）4 号、5 号和 6 号点位振动信号功率谱图；（d）5000～10000Hz 振动信号功率谱图

　　在母线筒内 1 号点位放置锤子时，1 号、2 号和 3 号点位在 GIS 设备分闸时的振动加速度时域波形、频谱图和功率谱图如图 1-38 所示。

　　观察分闸时振动加速度的频谱图，可以发现 1 号点位的 1358Hz 与 2360Hz 有较高的频率分布，2 号点位的 3474Hz 处有较高的频率分布，频率幅值与 38Hz 处的频率幅值接近，4000Hz 以内有多个较明显的频率分布。功率谱图中，在 38Hz 处的功率幅值最大，2 号点位的 3474Hz 处功率幅值与 38Hz 处的功率幅值接近，4000Hz 以内的其他频率也有一些功率分布。5000～

10000Hz 振动信号功率谱图中，整个频段可见功率分布，每个点位该频段的最大功率幅值均在 $400\text{m}^2/\text{s}^3$ 以上。

与无异物时的振动信号相比，高频的杂散信号较为明显。在 4000Hz 以内的多处频率均出现了明显的功率分布，3474Hz 处的功率甚至接近 38Hz 的功率；在 5000Hz 以上频段的功率幅值远高于无异物时的功率幅值。

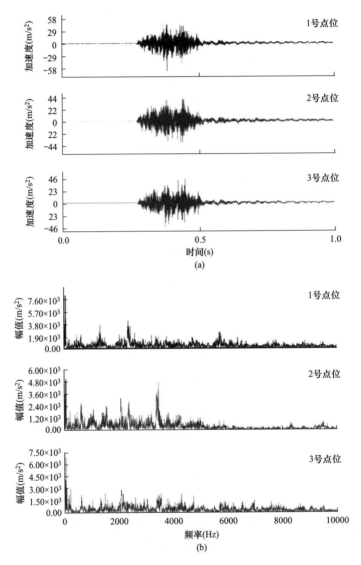

图 1-38　母线筒内 1 号点位放置锤子，GIS 设备分闸时 1 号、

2 号和 3 号点位振动信号及分析结果（一）

（a）1 号、2 号和 3 号点位振动加速度时域波形；（b）1 号、2 号和 3 号点位振动信号频谱图

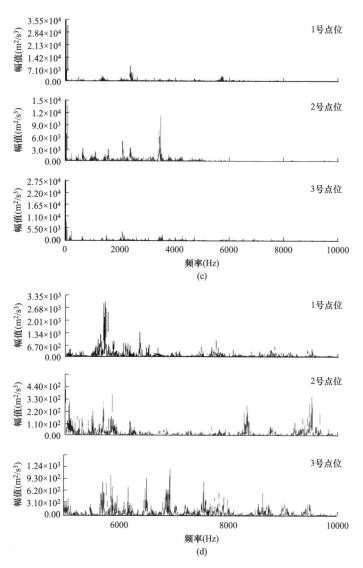

图 1-38 母线筒内 1 号点位放置锤子，GIS 设备分闸时 1 号、

2 号和 3 号点位振动信号及分析结果（二）

（c）1 号、2 号和 3 号点位振动信号功率谱图；（d）5000～10000Hz 振动信号功率谱图

在母线筒内 1 号点位放置锤子时，1 号、2 号和 3 号点位在 GIS 设备合闸时的振动加速度时域波形、频谱图和功率谱图如图 1-39 所示。

由图 1-39 可以发现三个点位的 38、624、1562、2092、3414Hz 处有较高的频率分布，整个频段均有较明显的频率分布。功率谱图中，2 号点位的 624、3414Hz 处的功率幅值反而高于 38Hz 处的功率幅值，4000Hz 以内的多处频率有功率分布。5000～10000Hz 振动信号功率谱图中，整个频段可见功率分布，1号、2号和3号点位在该频段的最大功率幅值均在 $300m^2/s^3$ 以上。

与无异物时的振动信号相比，整个频段均有较明显的频率分布，高频的杂散信号较为明显。在 4000Hz 以内的多处频率均出现了明显的功率分布，在 5000Hz 以上频段的功率幅值远高于无异物时的功率幅值。

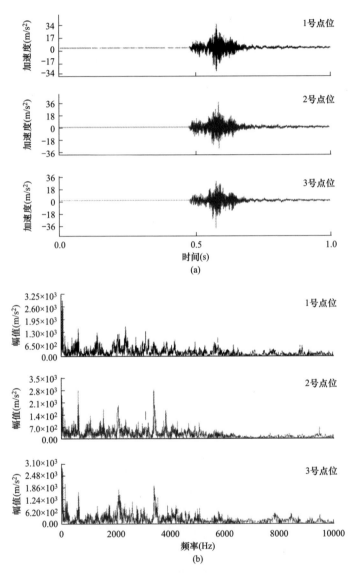

图 1-39　母线筒内 1 号点位放置锤子，GIS 设备合闸时 1 号、

2 号和 3 号点位振动信号及分析结果（一）

（a）1 号、2 号和 3 号点位振动加速度时域波形；（b）1 号、2 号和 3 号点位振动信号频谱图

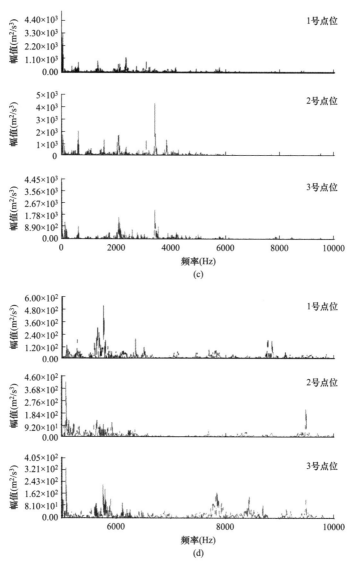

图 1-39　母线筒内 1 号点位放置锤子，GIS 设备合闸时 1 号、
2 号和 3 号点位振动信号及分析结果（二）

（c）1 号、2 号和 3 号点位振动信号功率谱图；（d）5000～10000Hz 振动信号功率谱图

　　在母线筒内 1 号点位放置锤子时，4 号、5 号和 6 号点位在 GIS 设备分闸时的振动加速度时域波形、频谱图和功率谱图如图 1-40 所示。

　　观察分闸时振动加速度的频谱图，可以发现除了 38Hz 之外，振动加速度在 2000～4000Hz 频段的幅值较高，相应的，在功率谱图中，功率在 2388Hz 和 3444Hz 处的频率幅值较高。5000～10000Hz 振动信号功率谱图中，在整个频段可见功率分布，该频段中每个点位的最大功率幅值均在 $800\mathrm{m}^2/\mathrm{s}^3$ 以上。与无异物时的振动信号相比，整个频段均有较明显的频率分布，$2000\sim4000\mathrm{Hz}$ 的多处频率出现了明显的功率分布，在 $5000\mathrm{Hz}$ 以上频段的功率幅值远高于无异物时的功率幅值。

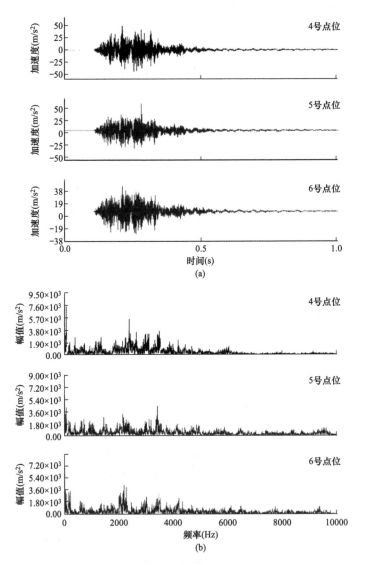

图 1-40　母线筒内 1 号点位放置锤子，GIS 设备分闸时 4 号、

5 号和 6 号点位振动信号及分析结果（一）

（a）4 号、5 号和 6 号点位振动加速度时域波形；（b）4 号、5 号和 6 号点位振动信号频谱图

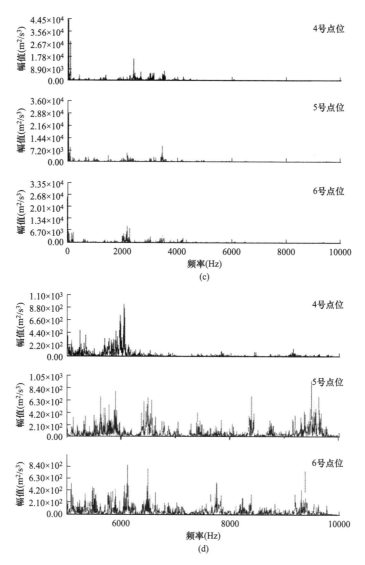

图 1-40　母线筒内 1 号点位放置锤子，GIS 设备分闸时 4 号、

5 号和 6 号点位振动信号及分析结果（二）

（c）4 号、5 号和 6 号点位振动信号功率谱图；（d）5000～10000Hz 振动信号功率谱图

　　在母线筒内 1 号点位放置锤子时，4 号、5 号和 6 号点位在 GIS 设备合闸时的振动加速度时域波形、频谱图和功率谱图如图 1-41 所示。

　　由图 1-41 可以看出，在 4000Hz 以下频段有多个频率的幅值较高，相应的在功率谱图中，2068、2378、3424Hz 等频率处具有较高的功率分布。5000～10000Hz 振动信号功率谱图中，整个频段可见功率分布，每个点位该频段的最大功率幅值均在 $800m^2/s^3$ 以上。与无异物时的振动信号相比，整个频段均有较明显的频率分布，$2000\sim4000Hz$ 的多处频率出现了明显的功率分布，在 $5000Hz$ 以上频段的功率幅值远高于无异物时的功率幅值。

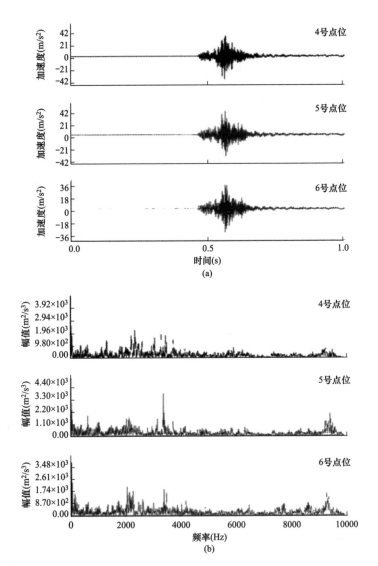

图 1-41　母线筒内 1 号点位放置锤子，GIS 设备合闸时 4 号、

5 号和 6 号点位振动信号及分析结果（一）

（a）4 号、5 号和 6 号点位振动加速度时域波形；（b）4 号、5 号和 6 号点位振动信号频谱图

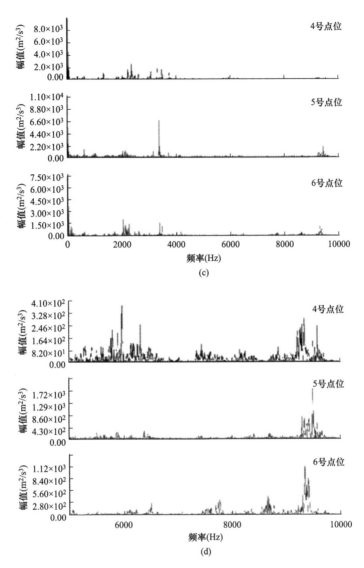

图 1-41　母线筒内 1 号点位放置锤子，GIS 设备合闸时 4 号、
5 号和 6 号点位振动信号及分析结果（二）

（c）4 号、5 号和 6 号点位振动信号功率谱图；（d）5000～10000Hz 振动信号功率谱图

　　对比不放置异物时的频谱图和功率谱图，放置锤子时信号频谱图的整个频段，尤其是 2000Hz 以上频段，能够看到明显的频率分布；放置锤子时的功率谱图中，在 2000～4000Hz 频段有明显的功率分布，且 5000Hz 以上高频频段的功率分布大幅增加，8000Hz 以上仍可见功率分布。

　　由于功率谱图能够明显反映出信号特征，之后点位仅选取功率谱图进行展示。在母线筒内 2 号点位放置锤子时，1 号、2 号和 3 号点位在 GIS 设备分闸时的振动幅值的功率谱图如图 1-42 所示。

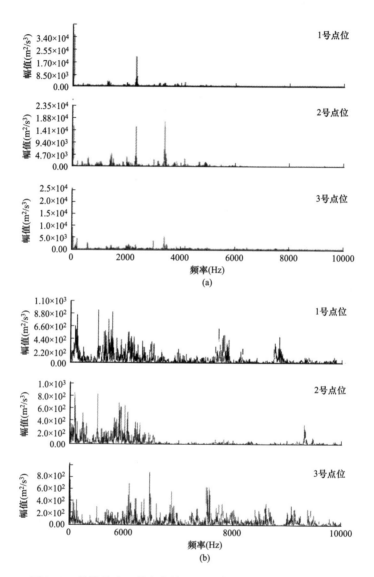

图 1-42　母线筒内 2 号点位放置锤子，GIS 设备分闸时 1 号、

2 号和 3 号点位振动信号及分析结果

（a）1 号、2 号和 3 号点位振动信号；（b）5000～10000Hz 振动信号

在母线筒内的 2 号点位放置锤子时，1 号、2 号和 3 号点位在 GIS 设备合闸时的振动信号如图 1-43 所示。在母线筒内的 2 号点位放置锤子时，4 号、5

号和6号点位在GIS设备分闸时的振动信号如图1-44所示。

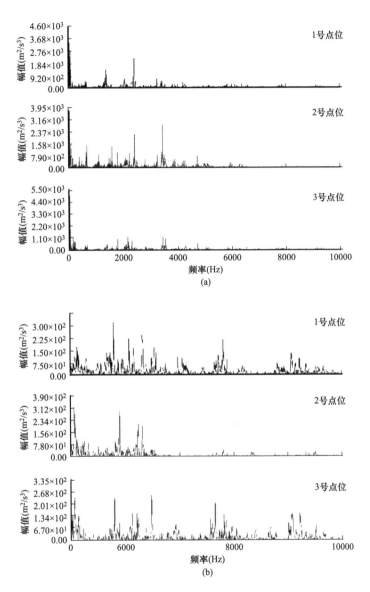

图1-43　母线筒内2号点位放置锤子，GIS设备合闸时1号、

2号和3号点位振动信号及分析结果

（a）1号、2号和3号点位振动信号；（b）5000～10000Hz振动信号

在母线筒内的2号点位放置锤子时，4号、5号和6号点位在GIS设备合闸时的振动信号如图1-45所示。

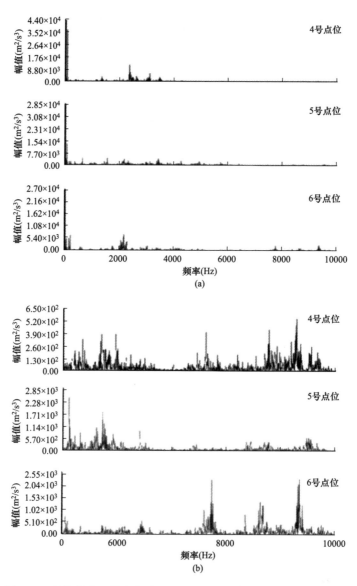

图 1-44　母线筒内 2 号点位放置锤子，GIS 设备分闸时 4 号、5 号和

6 号点位振动信号及分析结果

（a）4 号、5 号和 6 号点位振动信号；（b）5000～10000Hz 振动信号

在母线筒内的 3 号点位放置锤子时，1 号、2 号和 3 号点位在 GIS 设备分闸和合闸时的振动信号分别如图 1-46 和图 1-47 所示。

在母线筒内的 3 号点位放置锤子时，4 号、5 号和 6 号点位在 GIS 设备分闸和合闸时的振动信号分别如图 1-48 和图 1-49 所示。

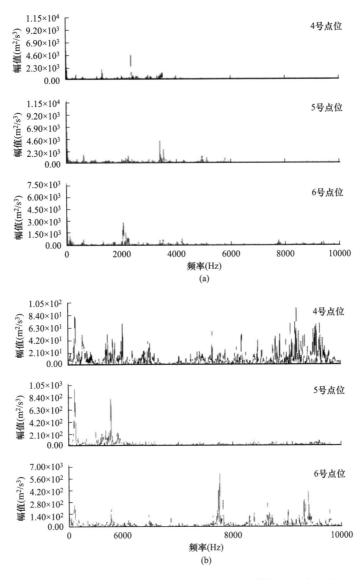

图 1-45　母线筒内 2 号点位放置锤子，GIS 设备合闸时 4 号、

5 号和 6 号点位振动信号及分析结果

（a）4 号、5 号和 6 号点位振动信号；（b）5000～10000Hz 振动信号

从图 1-43～图 1-49 中能够看到，在 4000Hz 以下频段的个别频率处有明显的功率分布，而 5000Hz 以上高频频段的功率分布大幅增加，8000Hz 以上可见功率分布，以上谱图反映的规律与将锤子放置在母线筒内 1 号点位处的结论一致。

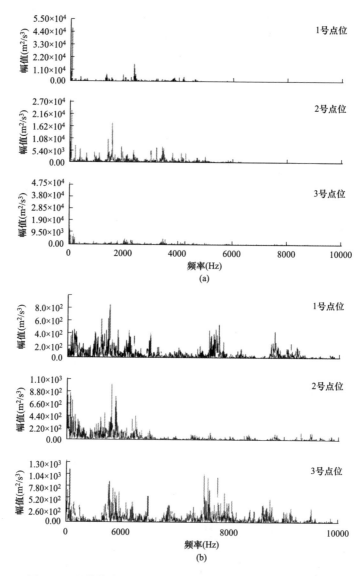

图1-46 母线筒内3号点位放置锤子，GIS设备分闸时1号、

2号和3号点位振动信号及分析结果

（a）1号、2号和3号点位振动信号；（b）5000～10000Hz振动信号

在母线筒内放置手电筒、螺丝刀、扳手、螺栓等其他异物时，根据所测数据进行分析，可以得到与在母线筒内放置锤子相似的结论，即在较高频段出现有较大的功率分布。

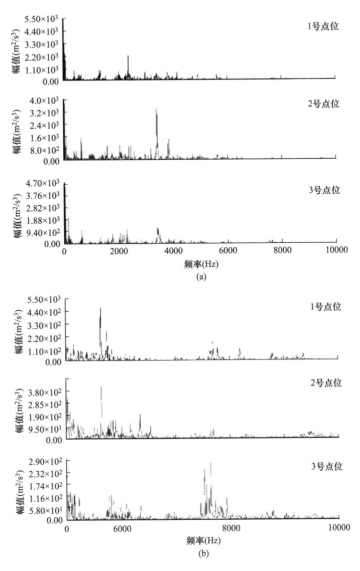

图 1-47　在母线筒内 3 号点位放置锤子，GIS 设备合闸时 1 号、

2 号和 3 号点位振动信号及分析结果

（a）1 号、2 号和 3 号点位振动信号；（b）5000～10000Hz 振动信号

2. 设备外壳连接紧固松动

当 GIS 设备外壳连接螺栓松动时，在隔离开关测量振动信号的功率频谱。在隔离开关上共测量两组点位，每组包含三个点位，这里选取 1 号、2 号和 3 号点位的测量数据进行分析。

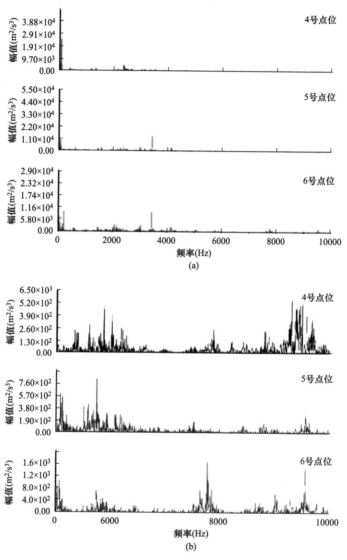

图 1-48 在母线筒内 3 号点位放置锤子，GIS 设备分闸时 4 号、

5 号和 6 号点位振动信号及分析结果

（a）4 号、5 号和 6 号点位振动信号；（b）5000～10000Hz 振动信号

母线与盆式绝缘子连接螺栓没有发生松动时，4 号、5 号和 6 号点位在 GIS
设备分闸时的振动加速度的时域波形和 300～10000Hz 功率谱图如图 1-50 所示。

当母线与盆式绝缘子连接螺栓没有发生松动时，4 号、5 号和 6 号点位在
GIS 设备合闸时的振动加速度的时域波形和 300～10000Hz 功率谱图如图 1-51
所示。

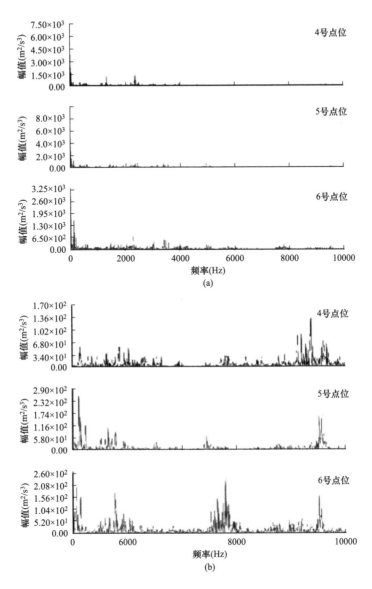

图 1-49　在母线筒内 3 号点位放置锤子，GIS 设备合闸时 4 号、

5 号和 6 号点位振动信号及分析结果

（a）4 号、5 号和 6 号点位振动信号；（b）5000～10000Hz 振动信号

　　4 号点位的振动信号在 958Hz 出现较高的功率分布，6000Hz 以下频段有较少的功率分布，5 号点位的振动信号在 3000Hz 附近出现有较高的功率幅值，而 4 号点位的振动信号在 958Hz 出现较高的功率分布，在 4000Hz 以下频段有较少的功率分布。合闸时的振动信号功率谱图与分闸时的振动信号功

率谱图有相似之处，6 号点位的振动信号在 394、976、2100Hz 和 4290Hz 等频率出现较高的功率分布，5 号点位在 4000Hz 以下频段均有较高功率分布，4 号点位在 976、2148Hz 和 3560Hz 等 4000Hz 以下频段出现较高功率分布。

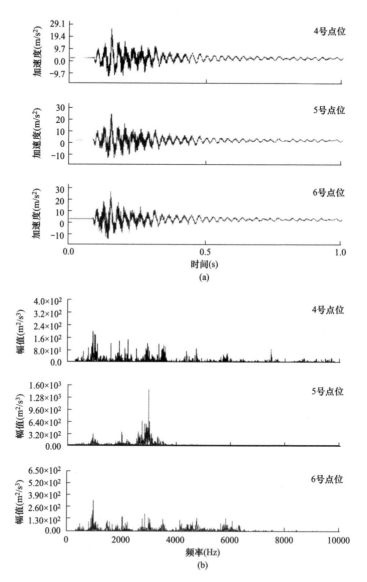

图 1-50　母线与盆式绝缘子连接螺栓没有发生松动，GIS 设备分闸时 4 号、
5 号和 6 号点位振动信号及分析结果

（a）4 号、5 号和 6 号点位振动加速度时域波形；（b）300～10000Hz 振动信号功率谱图

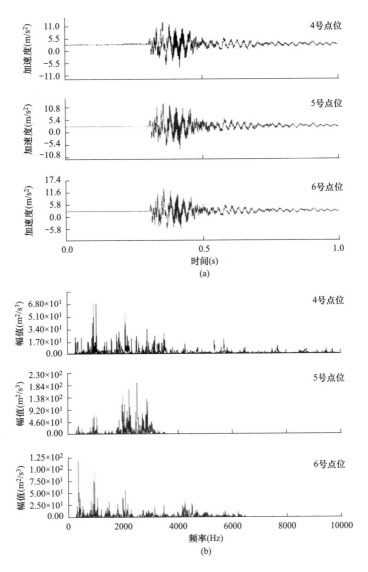

图 1-51 母线与盆式绝缘子连接螺栓没有发生松动，GIS 设备合闸时 4 号、
5 号和 6 号点位振动信号及分析结果

（a）4 号、5 号和 6 号点位振动信号时域波形；（b）300～10000Hz 振动信号功率谱图

　　母线与盆式绝缘子连接螺栓没有发生松动时，7 号、8 号和 9 号点位在
GIS 设备分闸时的振动加速度的时域波形和 300～10000Hz 功率谱图如图 1-52
所示。

　　分闸振动信号在 4500Hz 以下的功率分布较多，其中 3804Hz 附近的功率

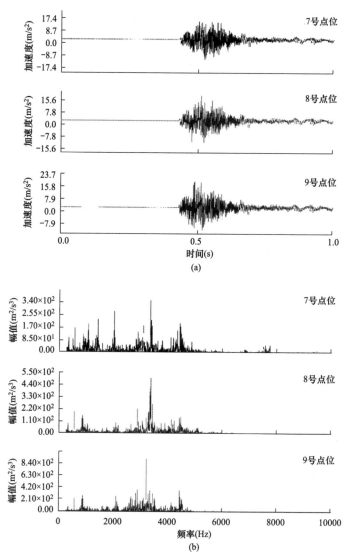

图 1-52　母线与盆式绝缘子连接螺栓没有发生松动，GIS 设备分闸时 7 号、

8 号和 9 号点位振动信号及分析结果

(a) 7 号、8 号和 9 号点位振动信号时域波形；(b) 300～10000Hz 振动信号功率谱图

幅值最大。在 6000Hz 以下频段均有较多功率分布，除了某些功率幅值较高的频率外，杂散频率处的功率分布相对较少。

母线与盆式绝缘子连接螺栓没有发生松动时，7 号、8 号和 9 号点位在 GIS 设备合闸时的振动加速度的时域波形和 300～10000Hz 功率谱图如图 1-53 所示。

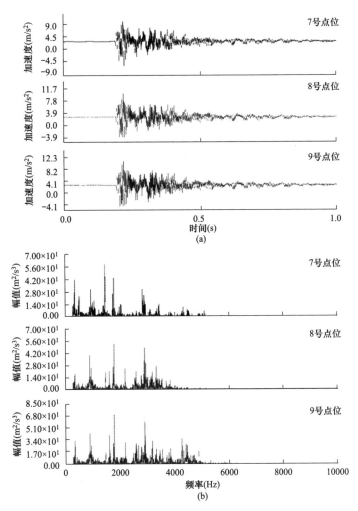

图1-53　母线与盆式绝缘子连接螺栓没有发生松动，GIS设备合闸时7号、8号和9号点位振动信号及分析结果

(a) 7号、8号和9号点位振动信号时域波形；(b) 300～10000Hz振动信号功率谱图

合闸振动信号在4000Hz以下的功率分布较多，7号点位和8号点位在1888Hz和2954Hz处均有较多功率分布，9号点位在2000Hz以下频段的功率分布较多，三个点位在4000Hz以下频段均有较多功率分布，除了某些功率幅值较高的频率外，杂散频率处的功率分布相对较少。

对比1～9号点位的功率谱图，可以发现三处点位的功率主要分布6000Hz以下频段，在该频段处会出现较高的频率分布，且杂散频率处的功率分布相对较少。

3. 外壳螺栓松动缺陷程度较小

当GIS设备外壳螺栓松动程度较小时，取下的螺栓编号为3号和4号螺栓，螺栓对应的测量点位为4号、5号和6号点位。

母线与盆式绝缘子连接螺栓松动缺陷程度较小时，4号、5号和6号点位在GIS设备分闸时的振动加速度的时域波形和300～10000Hz功率谱图如图1-54所示。

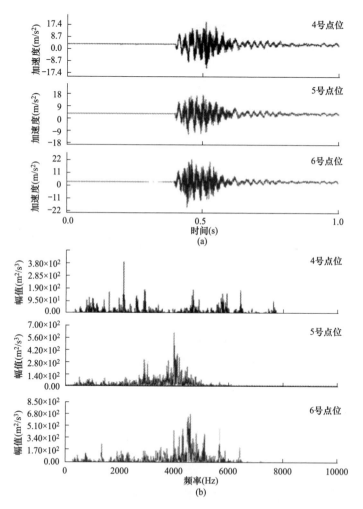

图1-54　母线与盆式绝缘子连接螺栓松动缺陷程度较小，GIS设备分闸时4号、

5号和6号点位振动信号及分析结果

（a）4号、5号和6号点位振动加速度时域波形；（b）300～10000Hz振动信号功率谱图

与无松动缺陷时的振动信号分析结果对比，可以明显地发现，4号点位与

6号点位在6000Hz以上频段出现有明显较多的功率分布，且5号与6号点位在4000Hz以上频段出现有较多的功率分布。

母线与盆式绝缘子连接螺栓松动缺陷程度较小时，4号、5号和6号点位在GIS设备合闸时的振动加速度的时域波形和300～10000Hz功率谱图如图1-55所示。

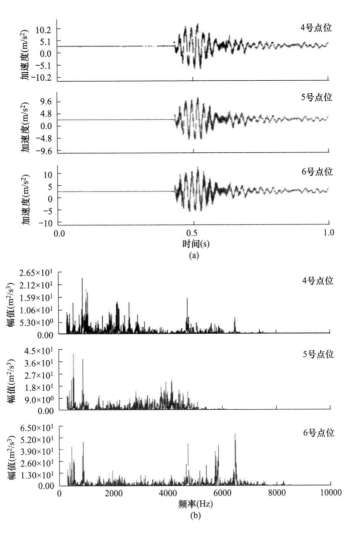

图1-55 母线与盆式绝缘子连接螺栓松动缺陷程度较小，GIS设备合闸时4号、
5号和6号点位振动信号及分析结果

（a）4号、5号和6号点位振动信号时域波形；（b）300～10000Hz振动信号功率谱图

与无松动缺陷时的振动信号分析结果对比，与分闸的情况相类似，4号点

位与 6 号点位在 6000Hz 以上频段出现有明显较多的功率分布，且 5 号与 6 号点位在 4000Hz 以上频段出现有较多的功率分布。

4. 外壳螺栓松动缺陷程度较大

取下的螺栓编号为 2 号、3 号、4 号和 5 号螺栓，螺栓对应的测量点位为 4 号、5 号和 6 号点位。

母线与盆式绝缘子连接螺栓松动缺陷程度较大时，4 号、5 号和 6 号点位在 GIS 设备分闸时的振动加速度的时域波形和 300～10000Hz 功率谱图如图 1-56 所示。

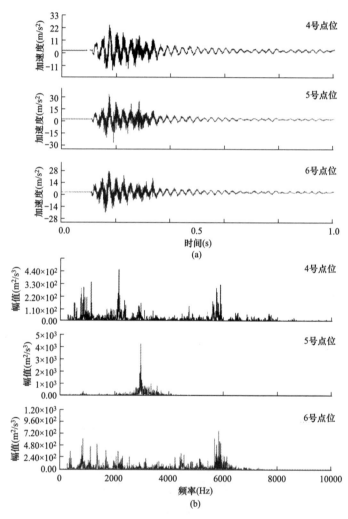

图 1-56　母线与盆式绝缘子连接螺栓松动缺陷程度较大，GIS 设备分闸时 4 号、

5 号和 6 号点位振动信号及分析结果

（a）4 号、5 号和 6 号点位振动信号时域波形；（b）300～10000Hz 振动信号功率谱图

与无松动缺陷时的振动信号分析结果对比，可以明显地发现，4号点位与6号点位在6000Hz频率附近出现有较大的功率分布，而5号点位在6000Hz以上频段有明显较多的功率分布，GIS设备合闸时4号、5号和6号点位振动信号及分析结果如图1-57所示。

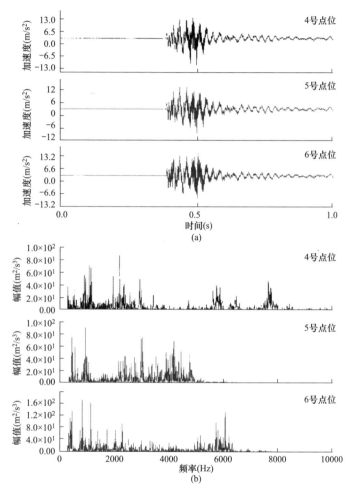

图1-57 GIS设备合闸时4号、5号和6号点位振动信号及分析结果

(a) 4号、5号和6号点位振动信号时域波形；(b) 300～10000Hz振动信号功率谱图

与无松动缺陷时的振动信号分析结果对比，与分闸的情况相类似，4号点位与6号点位在6000Hz及以上频段存在明显的功率分布，尤其是4号点位在7946Hz处有较高的功率幅值。

对比设备外壳连接无松动缺陷、外壳螺栓松动缺陷程度较小和外壳螺栓松动缺陷程度较大三种条件下所测外壳振动加速度信号的分析结果，不难看出，存在螺栓松动缺陷时，6000Hz以上较高频段会出现较为明显的功率分布，而无螺栓松动缺陷的条件下，功率分布大部分集中在6000Hz以下的频段中。

5. 隔离开关完全合闸

隔离开关完全合闸时，1号、2号和3号点位在GIS设备分闸时的振动加速度的时域波形和功率谱图如图1-58所示。

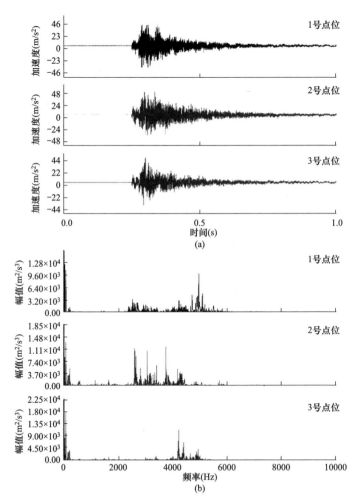

图1-58 隔离开关完全合闸，GIS设备分闸时1号、2号和3号点位振动信号及分析结果
（a）1号、2号和3号点位振动加速度时域波形；（b）1号、2号和3号点位振动信号功率谱图

功率谱图幅值较高的频率与频谱图较为一致，图中1号点位的功率主要分布于300Hz以下频段和2000～6000Hz频段，在20、72Hz与4990Hz处有

较高功率分布；2号点位的功率主要分布于300Hz以下频段和2500～5000Hz频段，在20、72、2614Hz与3774Hz处有较高功率分布；3号点位的功率主要分布于300Hz以下频段和4000～5000Hz频段，在20、72Hz与4224Hz处有较高功率分布。

隔离开关完全合闸时，1号、2号和3号点位在GIS设备合闸时的振动加速度的时域波形和功率谱图如图1-59所示。

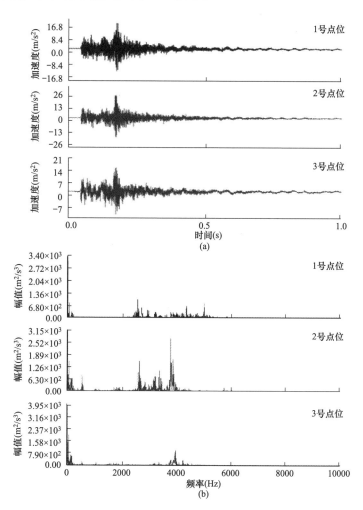

图1-59 隔离开关完全合闸，GIS设备合闸时1号、2号和3号点位振动信号及分析结果
（a）1号、2号和3号点位振动加速度时域波形；（b）1号、2号和3号点位振动信号功率谱图

图1-59中1号点位的功率主要分布于300Hz以下频段和2000～6000Hz频段，在24、2564Hz与4998Hz处有较高功率分布；2号点位的功率主要分

布于 300Hz 以下频段和 2500～5000Hz 频段，在 20、2648Hz 与 3782Hz 处有较高功率分布；3 号点位的功率主要分布于 300Hz 以下频段和 4000～5000Hz 频段，在 20、3980Hz 处有较高功率分布。

6. 隔离开关不完全合闸

隔离开关不完全合闸时，1 号、2 号和 3 号点位在 GIS 设备分闸时的振动加速度的时域波形和功率谱图如图 1-60 所示。从图 1-60 可以看出，1 号点位的功率主要分布于 300Hz 以下频段和 2000～6000Hz 频段，在 38、70Hz 与 5006Hz 处有较高功率分布；2 号点位的功率主要分布于 300Hz 以下频段和

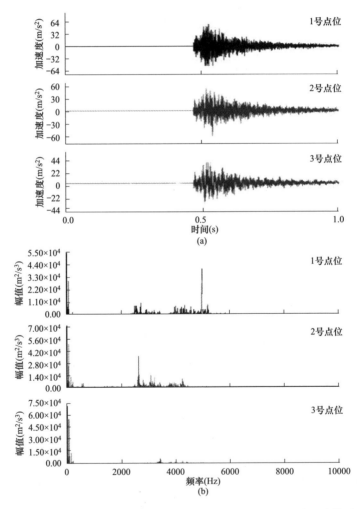

图 1-60 隔离开关不完全合闸，GIS 设备分闸时 1 号、2 号和 3 号点位振动信号及分析结果

（a）1 号、2 号和 3 号点位振动信号时域波形；（b）1 号、2 号和 3 号点位振动信号功率谱图

2500～4500Hz 频段，在 38、70Hz 与 2638Hz 处有较高功率分布；3 号点位的功率主要分布于 300Hz 以下频段，在 38、70Hz 处有较高功率分布，在 2000Hz 以上频段未见明显功率分布。

隔离开关不完全合闸时，1 号、2 号和 3 号点位在 GIS 设备合闸时的振动加速度的时域波形和功率谱图如图 1-61 所示。

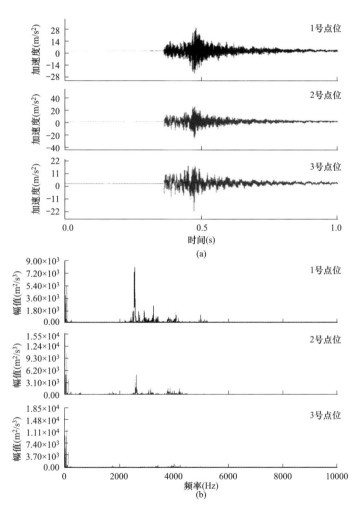

图 1-61　隔离开关不完全合闸，GIS 设备合闸时 1 号、2 号和 3 号点位振动信号及分析结果
(a) 1 号、2 号和 3 号点位振动信号时域波形；(b) 1 号、2 号和 3 号点位振动信号功率谱图

从图 1-61 可以看出，GIS 设备合闸时点位的振动信号与分闸时的情况类似，功率谱图中 1 号点位的功率主要分布于 300Hz 以下频段和 2000～6000Hz

频段，在 20、70Hz 与 2576Hz 处有较高功率分布；2 号点位的功率主要分布于 300Hz 以下频段和 2500～4500Hz 频段，在 20、70Hz 与 2596Hz 处有较高功率分布；3 号点位的功率主要分布于 300Hz 以下频段，在 70Hz 附近频段有较高功率分布，在 2000Hz 以上频段未见较大的功率分布。

7. 隔离开关完全分闸

隔离开关完全分闸时，1 号、2 号和 3 号点位在 GIS 设备分闸时的振动加速度的时域波形和功率谱图如图 1-62 所示。

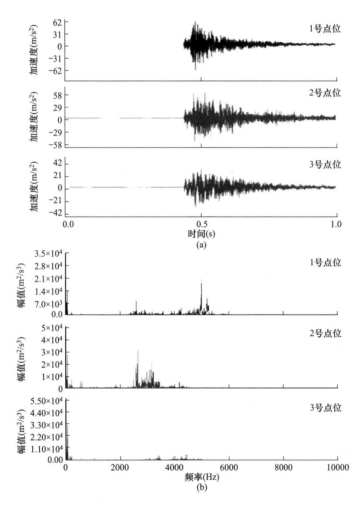

图 1-62　隔离开关完全分闸，GIS 设备分闸时 1 号、2 号和 3 号点位振动信号及分析结果
(a) 1 号、2 号和 3 号点位振动信号时域波形；(b) 1 号、2 号和 3 号点位振动信号功率谱图

功率谱图中 1 号点位的功率主要分布于 300Hz 以下频段和 2000～6000Hz

频段，在 70、2610Hz 与 4998Hz 处有较高功率分布；2 号点位的功率主要分布于 300Hz 以下频段和 2500～4000Hz 频段，在 70、2662Hz 与 3168Hz 处有较高功率分布；3 号点位的功率主要分布于 300Hz 以下频段，在 70Hz 处有较高功率分布；在 2000～4000Hz 频段有少量功率分布，5000Hz 以上频段未见明显功率分布。

隔离开关完全分闸时，1 号、2 号和 3 号点位在 GIS 设备合闸时的振动加速度的时域波形和功率谱图如图 1-63 所示。

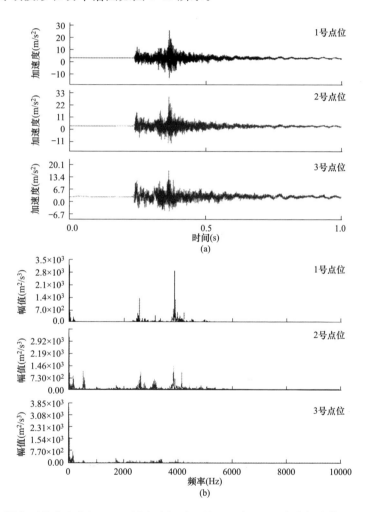

图 1-63 隔离开关完全分闸，GIS 设备合闸时 1 号、2 号和 3 号点位振动信号及分析结果

（a）1 号、2 号和 3 号点位振动信号时域波形；（b）1 号、2 号和 3 号点位振动信号功率谱图

对比完全合闸、不完全合闸和分闸三种情况下的数据分析结果，距离触

头相对较远、位于隔离开关表面的 1 号点位与 2 号点位在三种状况下数据分析结果的差别较小，而距离触头较近、位于隔离开关法兰上的 3 号点位的数据分析结果有较大的差别。在完全合闸时，3 号点位在 4000～5000Hz 频段有较为明显的功率分布，而在不完全合闸与分闸状况下，该频段没有明显的功率分布。设备内部导体存在有插接不良时，较高频段信号幅值会减少，而对较低频段信号幅值的影响较小。

——— 第三节 ———

开关操作声场和振动信号分布
特性及其影响因素

一、开关操作声场信号分布特性及影响因素

（一）传感器性能的影响

为研究传感器性能对测量结果的影响，本次操作分别使用测量幅值为 $\pm50g$、$\pm100g$、$\pm500g$ 的三种传感器对断路器分合闸时的振动信号进行测量。三种传感器的性能参数如表 1-6 所示。

表 1-6   传 感 器 参 数 表

参数	传感器 1	传感器 2	传感器 3
量程	$\pm50g$	$\pm100g$	$\pm500g$
灵敏度（mV/g）	100	50	10

不同传感器测量得到的振动信号如图 1-64 所示。由于断路器分合闸时，储能弹簧瞬间释放巨大的能量，引起了断路器外壳强烈的振动，振动加速度幅值很大。若采用量程较小的传感器可能会出现超出量程导致无法测量，波形会出现如图 1-64（a）和图 1-64（b）所示的反冲。更严重者，甚至会损坏振动加速度传感器。因此，最终选择量程为 $500g$ 的传感器进行测量［见图 1-64（c）］。

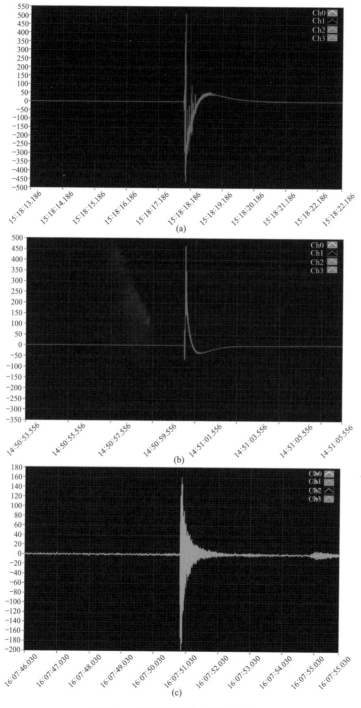

图 1-64 不同量程传感器测量结果

（a）传感器量程 50g；（b）传感器量程 100g；（c）传感器量程 500g

（二）测量位置的影响

测量断路器正常情况下合闸的振动及声音信号，并对时域信号进行 FFT，结果如图 1-65 所示。观察时域波形可以看出断路器充能时间为 12.8s。振动幅值基本按照从 1 号测点到 8 号测点依次增大，7 号测点因为紧挨着断路器所以幅值最大，8 号测点声音传感器由于离断路器比较近幅值也比较大。观察振动频谱可看出 8 个测点在 300Hz 处的振动幅值都比较大，振动主要集中在 2000Hz 内。

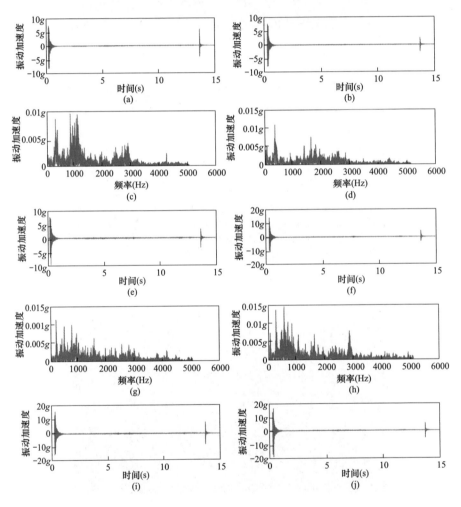

图 1-65　断路器正常情况合闸时域与频域图（一）

（a）1 号测点振动时域波形；（b）2 号测点振动时域波形；（c）1 号测点振动频谱；（d）2 号测点振动频谱；

（e）3 号测点振动时域波形；（f）4 号测点振动时域波形；（g）3 号测点振动频谱；（h）4 号测点振动频谱；

（i）5 号测点振动时域波形；（j）6 号测点振动时域波形

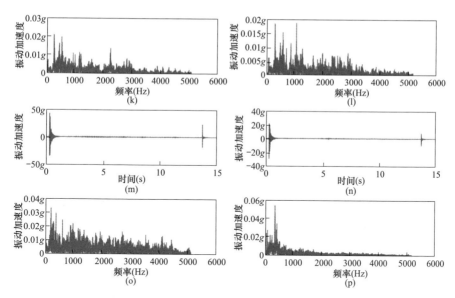

图 1-65　断路器正常情况合闸时域与频域图（二）

（k）5 号测点振动频谱；（l）6 号测点振动频谱；（m）7 号测点振动时域波形；（n）8 号测点振动时域波形；

（o）7 号测点振动频谱；（p）8 号测点振动频谱

　　测量断路器正常情况下分闸的振动及声音信号，并对时域信号进行 FFT。振动幅值基本按照从 1 号测点到 8 号测点增大的趋势，7 号测点因为紧挨着断路器所以幅值最大，8 号测点声音传感器由于离断路器比较近幅值也比较大。振动频谱 1 号测点主频分布在 1000Hz，2 号测点主频分布在 1800Hz，3～6 号测点主频分布在 500Hz，7、8 号测点主频分布在 200Hz。正常情况分闸时域与频域图如图 1-66 所示。

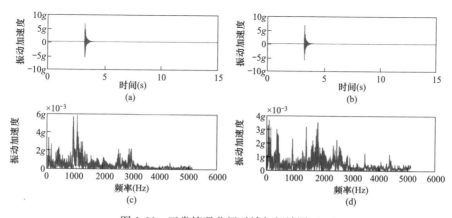

图 1-66　正常情况分闸时域与频域图（一）

（a）1 号测点振动时域波形；（b）2 号测点振动时域波形；（c）1 号测点振动频谱；（d）2 号测点振动频谱

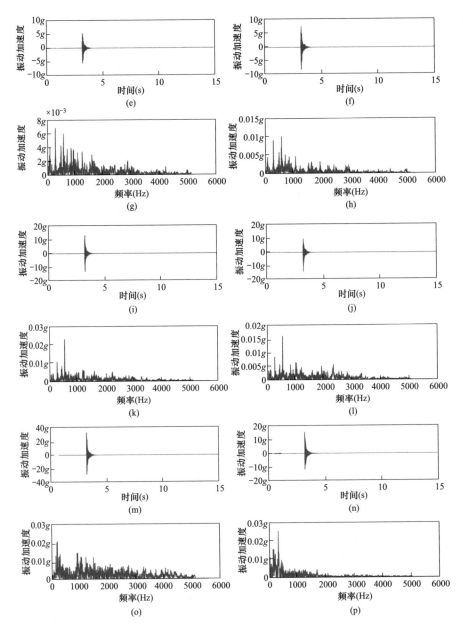

图 1-66　正常情况分闸时域与频域图（二）

（e）3 号测点振动时域波形；（f）4 号测点振动时域波形；（g）3 号测点振动频谱；（h）4 号测点振动频谱；

（i）5 号测点振动时域波形；（j）6 号测点振动时域波形；（k）5 号测点振动频谱；（l）6 号测点振动频谱；

（m）7 号测点振动时域波形；（n）8 号测点振动时域波形；（o）7 号测点振动频谱；（p）8 号测点振动频谱

（三）环境噪声的影响

在测试时加入背景噪声，测量 GIS 分闸时的声音信号，有无噪声时的测量结果分别如图 1-67 和图 1-68 所示，可以看出在有背景噪声时声音信号在 1000Hz 以下分布密集，但在高频段两次测量基本吻合，这是由于添加的背景噪声频率集中在低频段所致。

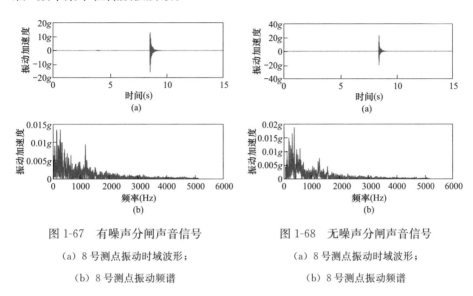

图 1-67　有噪声分闸声音信号

（a）8 号测点振动时域波形；

（b）8 号测点振动频谱

图 1-68　无噪声分闸声音信号

（a）8 号测点振动时域波形；

（b）8 号测点振动频谱

在测试时加入背景噪声测量 GIS 合闸时的声音信号，分别如图 1-69 和图 1-70 所示，由于合闸时能量较大，噪声的影响较小，两次测量基本没有差别。

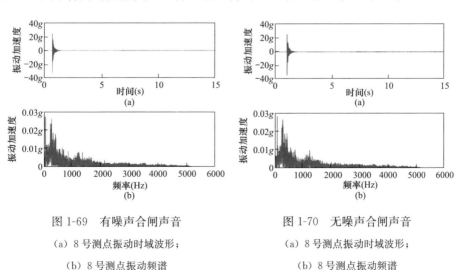

图 1-69　有噪声合闸声音

（a）8 号测点振动时域波形；

（b）8 号测点振动频谱

图 1-70　无噪声合闸声音

（a）8 号测点振动时域波形；

（b）8 号测点振动频谱

二、开关操作振动信号分布特性及影响因素

以 GIS 设备各部分元件为研究对象，分别测量距离振源较近点位和各元

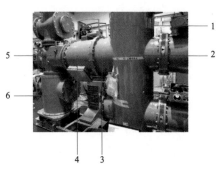

图 1-71　GIS 各元件外壳振动
特性点位选取情况

件上一些点位的外壳振动特性，点位选取情况如图 1-71 所示。图中 1 号点位为距离振源较近的点位，2 号点位为断路器壳体中心点位，3 号点位为断路器母线接口处点位，4 号点位为电流互感器外壳中心点位，5 号点位为隔离开关外壳中心点位，6 号点位为电缆终端筒外壳中心点位。试验过程中每个点位测量多次，以减小试验误差。

根据每次测量结果的时域波形，统计在合闸、分闸过程中各点位的振动信号幅值，如图 1-72 和图 1-73 所示。

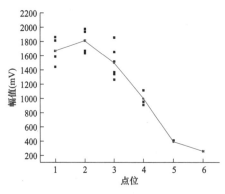

图 1-72　合闸时各点位振动幅值

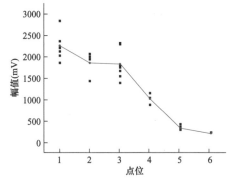

图 1-73　分闸时各点位振动幅值

从图 1-72 可以看出，前三个点位均在断路器外壳表面，所测信号幅值较高，测量结果分布在 1300～2000mV 范围内，数据分散性很大。4 号点位的数据相比较前三个点位，幅值降低至 1000mV 左右，测量结果分布在 900～1200mV 范围内，分散性相对较低，但仍然较为分散。5 号、6 号点位的信号幅值进一步下降，5 号点位信号幅值降低至 400mV，6 号点位信号幅值降低至 250mV，这两个点位的信号测量结果较为集中。

从图1-73可以看出，前三个点位所测信号幅值较高，大部分测量结果分布在1300～2400mV范围内，个别点位偏离振动幅值平均值较远，数据分散性很大。4号点位的数据相比较前三个点位，幅值降低至1000mV左右，测量结果分布在850～1200mV范围内，分散性相对较低，但仍然较为分散。5号、6号点位的信号幅值进一步下降，5号点位信号幅值降低至350mV，6号点位信号幅值降低至220mV，这两个点位的信号测量结果较为集中。

对合闸、分闸过程的振动幅值均值进行汇总，可以得到表1-7。绘制表格中数据，可得图1-74。

表1-7　　　　　　　　合闸、分闸过程各点位振动幅值均值

点位	1	2	3	4	5	6
合闸时振动幅值（mV）	1680	1815	1503	997	396	255
分闸时振动幅值（mV）	2258	1859	1828	1021	331	216

对比各点位在合闸、分闸时的振动幅值的平均值，可以看出二者的变化趋势相近。前三个点位均在断路器外壳表面，振动幅值的平均值相差较大。断路器在合闸与分闸的操动过程原理不同，弹簧操动机构是利用弹簧拉伸或收缩所储存的能量进行合闸控制，其弹簧能量的储存靠储能电动机来完成。合闸弹簧因脱扣器的作用保持在储能状态，

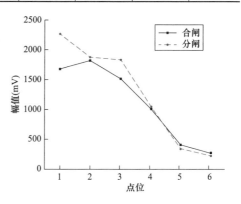

图1-74　合闸、分闸过程各点位
振动幅值均值

在断路器合闸时，其储能保持状态被解除，合闸弹簧快速释放能量，通过连杆机构来完成合闸动作。在分闸操作时，连杆机构的平衡状态被解除，在断路器负载力的作用下即可完成分闸动作。三个点位在合闸、分闸时的振动幅值变化趋势不同，可能与断路器分合闸过程的基本原理不同有关。后三个点位的合闸、分闸振动幅值均值相近，均值的差距在100mV内，说明断路器的操动机构分合闸动作产生的振动信号在经过盆式绝缘子后幅值接近，具有相同的变化趋势。

(一) 盆式绝缘子处设备外壳振动特性

GIS 中母线端的盆式绝缘子结构非常明显，因此以 GIS 设备元件中的母线部分作为研究对象，测量合闸、分闸过程中母线及附近盆式绝缘子的外壳振动特性，母线外壳测量点位分布情况如图 1-75 所示。图中，1 号、2 号点位位于断路器母线接口处，3 号、4 号点位位于母线与断路器接口连接处，5～11 号点位均匀分布于母线筒外壳表面，12～14 号点位位于母线筒接口外壳及其连接的盆子表面，15～19 号点位均匀分布于另一段母线筒外壳表面。试验过程中每个点位测量多次，以减小试验误差。

图 1-75　外壳测量点位分布情况

根据每次测量结果的时域波形，统计在合闸、分闸过程中各点位的振动信号幅值，图 1-76 为合闸时各点位振动幅值，图 1-77 为分闸时各点位振动幅值。

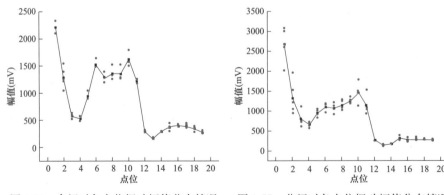

图 1-76　合闸时各点位振动幅值分布情况　　图 1-77　分闸时各点位振动幅值分布情况

图 1-76 中，1 号点位距离振源较近，距离母线接口处较远，因此该点的

外壳振动幅值达到较高的 2200mV，3 号、4 号点位位于母线接口处外壳，振动幅值都相对较低，是因为断路器外壳和母线筒外壳均为壳体，振动在壳体上传递时其信号幅度相对较大，而接口处截面的厚度远大于壳体厚度，在该处不易引起剧烈的振动。3 号点位与 4 号点位的振动信号幅度接近，4 号点位的振动信号略有降低，螺栓紧固的接口处振动信号衰减幅度较小。2 号点位与母线接口处相近，信号幅值相对于 1 号点位衰减严重。

5～11 号点位在母线筒上，其中 5 号与 11 号点位在母线筒的两端，振动幅值分布相比较母线筒中部点位较低，这与两点点位距离母线筒接口处较近有关。母线筒中部点位的振动幅值较为接近，大部分振动幅值分布于 1200～1600mV 之间，没有明显的变化趋势。

12～14 号点位位于母线筒接口及盆子外壳，与 3 号、4 号点位相似，这些点位的振动幅值大幅下降至 200～300mV。15～19 号点位位于母线筒外壳，这些点位的振动幅值较为接近。母线筒中部点位的振动幅值较高，其两侧点位的振动幅值略有降低，临近接口处点位的振动幅值较低。

总体而言，靠近振源的 1 号点位振动幅值可达 2200mV，与其相邻的母线筒上点位的振动幅值约 1300mV，经过盆子后振动信号仅为约 400mV。GIS 操动机构动作产生的振动信号幅度随母线的传递而大幅衰减。

图 1-77 的振动传递变化趋势与合闸时各点位振动幅值相同，靠近振源的 1 号点位振动幅值可达 3000mV，与其相邻的母线筒上点位的振动幅值约 1200mV，经过盆式绝缘子后振动信号仅为约 300mV。GIS 操动机构动作产生的振动信号幅度随母线的传递而大幅衰减。对合闸、分闸过程的振动幅值均值进行汇总，可得图 1-78。

对比各点位在合闸、分闸时的振动幅值的平均值，可以看出两条折线的变化趋势相近。各元件随着与振源的距离增大，振动幅值不断降低，即在空间上存在振动信号幅值的衰减。观察二者在接口处点位的振动情况，振动幅值均相对于壳

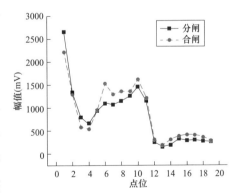

图 1-78　合闸、分闸过程中各点位
振动幅值均值分布情况

体较小。此外，同一母线上点位的振动幅值相差不大，未见明显的因距离振源较远而导致振动信号幅值严重衰减。

综上所述，母线筒本身的振动信号幅值随振动源距离的增加降低较小，而盆式绝缘子以及设备中接口的存在，使得局部的振动信号幅值有所下降，并且传递后的信号幅值同样存在大幅下降。

这样的外壳振动特性测量结果对于仿真有较大的意义，在目前的仿真模型中，时间上的衰减可以通过调节阻尼参数而得到相似的结论。但是仿真模型中距离振源较远的部件上点位的外壳振动幅值没有明显的衰减，与振源处的外壳振动幅值极为接近。以上的现场试验测量结果表明，同一部件上的点位的振动幅值确实变化不大，通过对部件之间的连接，主要指盆式绝缘子的连接，以及相关材料特性进行调整，可能会对仿真试验的结果有所帮助。

（二）T 接结构处设备外壳振动特性

以 GIS 设备元件中的隔离开关部分作为 T 接结构的研究对象，测量合闸、分闸过程中隔离开关的外壳振动特性，隔离开关外壳测量点位分布情况如图 1-79 所示。

图 1-79　隔离开关外壳测量点位分布情况

隔离开关上的点位选取横向的 8 个点位以及纵向的 5 个点位，横向的点位由于 8 号点位所在接口处向外突出，因此将测量点位上移至 5 号与 6 号点位，令在接口处外壳上布置 8 号点位。试验过程中每个点位测量多次，以减小试验误差。

根据每次测量结果的时域波形，统计在合闸、分闸过程中各点位的振动信号幅值。首先汇总隔离开关表面横向分布点位的外壳振动特性，对各点位测量结果进行汇总，提取每次测量结果的振动幅值，统计各点位的振动幅值均值，如图 1-80 所示。

图 1-80 中合闸与分闸过程中各点位振动幅值的变化趋势相同。断路器操动产生的外壳振动信号从 7 号点位向 1 号点位传递，由于 7 号点位临近隔离

开关接口处，结合前文中总结出来的规律，该点位的振动幅值相对较低。3 号点位是整个隔离开关纵横两个方向的交叉点位，该点位的振动幅值略高于 4 号点位，可能与 4 号点位同样临近接口处有密切关系，同理，1 号点位的振动幅值也远低于 2 号点位。这样，从整体而言，在隔离开关上横向传递的外壳振动信号从 6 号点位约 220mV 降至 2 号点位

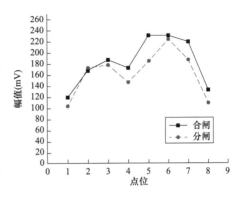

图 1-80　合闸、分闸过程中横向分布点位
振动幅值均值分布情况

约 170mV，振动信号存在衰减，但是衰减程度较小，没有出现成倍的变化。这与前文中，同一元件在远离接口处点位上的振动幅值变化不大，靠近接口处点位上的振动幅值较低的结论一致。

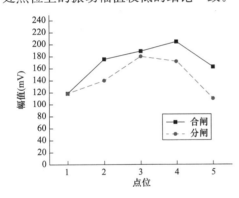

图 1-81　合闸、分闸过程中纵向分布点位
振动幅值均值分布情况

根据隔离开关表面纵向分布点位的外壳振动特性，对各点位测量结果进行汇总，提取每次测量结果的振动幅值，统计各点位的振动幅值均值，如图 1-81 所示。图中合闸与分闸过程中各点位振动幅值的变化趋势相同。隔离开关操动产生的外壳振动信号从 3 号点位分别向两端点位传递。2～4 号点位的振动幅值均值为 140～210mV 之间，振动信号存在衰减，

衰减程度较小，没有出现成倍的变化。

（三）支撑结构处设备外壳振动特性

以 GIS 设备元件中的支撑部分作为研究对象，测量合闸、分闸过程中支撑及连接部分的外壳振动特性。支撑结构的点位选取情况如图 1-82 所示。

根据每次测量结果的时域波形，统计在合闸、分闸过程中各点位的振动信号幅值，统计结果如图 1-83 所示。

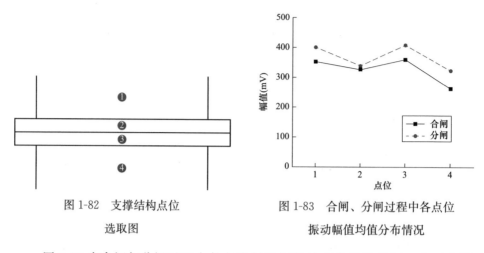

图 1-82　支撑结构点位　　　　　图 1-83　合闸、分闸过程中各点位
　　　　选取图　　　　　　　　　　　　振动幅值均值分布情况

图 1-83 中合闸与分闸过程中各点位振动幅值的变化趋势相同。由于支撑位置距离断路器所在的激励源较远，因此测得振动信号幅值相对较低。断路器操动产生的外壳振动信号从 1 号点位向 4 号点位传递，经过支撑结构之后，振动信号幅值有了明显的降低。2 号点位与 3 号点位位于接口处，因此振动信号幅值未见明显下降，而后振动信号经过传递至 4 号点位，可见振动强度的衰减。

第四节

基于开关操作声振信号的 GIS 机械状态检测系统

一、机械振动检测系统

对于 GIS 设备而言，其断路器操作产生的声音信号及由于断路器操作导致的相邻腔体振动可反映本体状态及相邻腔体内部遗留物状态。因此可利用一次断路器操作来实现两类不同设备缺陷的检测，基于此思路，提出基于声振联合检测的 GIS 设备状态检测方法，即在断路器操作时，一方面利用断路器自身产生的声音信号进行断路器自身的状态检测，另一方面利用此信号作为激励信号来检测断路器相邻腔体内是否存在内部遗留物，从而实现一次试验发现多个问题。

GIS 设备操动产生的振动信号是因断路器内部构件的动作而产生，激励的振动脉冲与各部件的动作对应，在相同状态下多次采集的信号具有相似性，可以采用测得的振动信号来分析断路器的机械特性。GIS 设备存在异常时，在设备外壳测得的振动信号频谱及功率谱均会有一定程度的改变，直接对比难以对设备状态进行评估，因此需要一定的数据处理方法对振动信号进行进一步的分析。结合经验模态分解和能量熵，通过对不同状态下设备外壳振动信号处理并进行相似度分析，从而提出 GIS 开关及腔体机械缺陷的检测方法。

GIS 开关及腔体机械缺陷检测系统的检测原理流程图如图 1-84 所示。

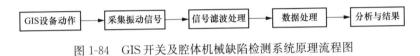

图 1-84　GIS 开关及腔体机械缺陷检测系统原理流程图

（一）检测系统分析方法

直接测得的信号为时域信号，其信号类型属于冲击信号，是非稳态信号，因此相应的，需要采用适用于非线性和非平稳信号的分析方法对所测信号进行分析。经验模态分解（empirical mode decomposition，EMD）方法是一种自适应的信号时频处理方法，其依赖于数据本身的时间尺度特征来对信号进行分解。经验模态分解方法可以将一个复杂非平稳信号分解成一系列单分量平稳信号，即固有模态函数。对于 GIS 设备开合闸引发的振动信号，信号本身是一个复杂的非平稳信号，传统的傅里叶分解方法对于非平稳信号的分析具有较大的局限性，因此经验模态分解方法适合用于 GIS 开关操作的声振信号分析。

经验模态分解所得的固有模态函数必须满足两个条件：信号的过零点数量等于极值点数量或最多相差一个，两个连续的过零点间只能含有一个极值点，局部极值构成的下、上包络线均值为零。

经验模态分解的流程图如图 1-85 所示。

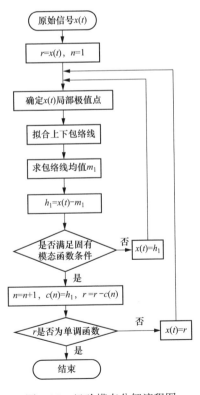

图 1-85　经验模态分解流程图

通过分解过程可以看出，任一个信号通过经验模态分解方法皆可分解成多个固有模态函数分量与一个残量的和。经验模态分解方法最大优点是具有完备性，能够在分解之后完整地保留原信号的信息。固有模态函数分量也具有自适应性、调制性和近似正交性。

经验模态分解方法的不足之处在于存在模态混叠现象，平均经验模态分解改善了这一问题。在原有信号上加入了高斯白噪声 $n_i(t)$ ［见式（1-3）］，这些信号均值为零且幅值标准差为常数，加入的白噪声具有频率均匀分布的统计特性，这样能够减少模态混叠的程度。

$$x_i(t) = x(t) + n_i(t) \tag{1-3}$$

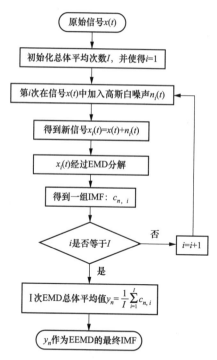

图 1-86 平均经验模态分解流程图

对一系列信号 $x_i(t)$ 进行 EMD 分解，得到固有模态函数（intrinsic mode function，IMF）分量 $c_{ij}(t)$ 和余项。$c_{ij}(t)$ 是第 i 次加入高斯白噪声后分解得到的第 j 个 IMF。对以上过程重复多次，并进行总体平均运算，来消除高斯白噪声的影响，最终由集合经验模态分解（ensemble empirical mode decomposition，EEMD）得到一系列 IMF，即

$$c_j(t) = \frac{1}{N} \sum_{i=1}^{N} c_{ij} \tag{1-4}$$

得到的固有模态函数分量从高频向低频排列，并且会随着原始振动信号 $x(t)$ 的变化而变化。EEMD 分解流程如图 1-86 所示。

图 1-87 为正常状态下 GIS 母线外壳表面测得的振动信号，该信号经过 EEMD 分解可以得到多个 IMF 主要分量，选取其中前 5 个分量，如图 1-88 所示。

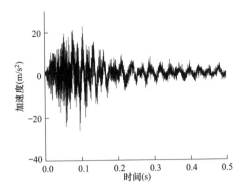

图 1-87　正常状态下 GIS 母线外壳振动信号时域波形

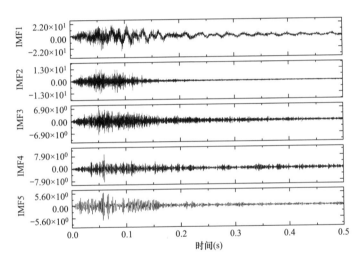

图 1-88　经过 EEMD 分解得到的前 5 个 IMF 主要分量

1. 求取信号包络

信号的包络能够体现信号的许多突变的信息，在信号处理的领域中，希尔伯特变换方法是一种常见的求取信号包络的方法。对于时域信号 $x(t)$，其希尔伯特信号定义为

$$g(t) = s(t) + \mathrm{j}H[s(t)]$$

(1-5)

式中，$g(t)$ 为 $x(t)$ 的希尔伯特变换，$g(t)$ 的幅值为

$$A(t) = \sqrt{s^2(t) + H^2[s(t)]}$$

(1-6)

式中：$A(t)$ 即为信号 $x(t)$ 的包络。

对于前 5 个 IMF 分量，其信号包络波形如图 1-89 所示。

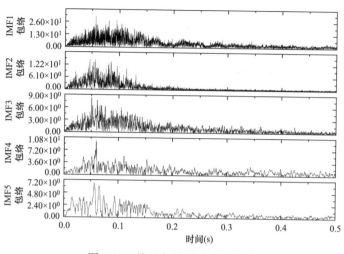

图 1-89 前 5 个 IMF 分量包络线

2. 能量熵

信息熵能够反映系统的有序程度，信息熵中的能量熵能够表达信号的状态，常见的能量熵计算方法为

$$H = -\sum_{i=1}^{N} \varepsilon(i) \lg \varepsilon(i) \tag{1-7}$$

其中，$\varepsilon(i)$ 是对信号能量进行归一化处理的结果。书中的试验将所测信号处理后得到的一组能量熵作为该信号的特征向量。

3. 相似度分析

常用的相似度分析方法很多，较为常用的有余弦相似度和欧氏距离。余弦相似度通过计算两个向量的夹角来描述两个向量之间的差异。这种相似性主要考虑的是方向而不是两个矢量的幅度一致性。余弦相似度的计算式可表示为

$$\cos(\theta) = \frac{A \cdot B}{\parallel A \parallel \times \parallel B \parallel} \tag{1-8}$$

欧氏距离为两个矩阵之间的差异值，可以用来衡量相似度。欧氏距离数值越大，表示相似度越低，可表示为

$$d(x,y) = \sqrt{(x_1 - y_1)^2 + (x_2 - y_2)^2 + \cdots + (x_n - y_n)^2} = \sqrt{\sum_{i=1}^{n} (x_i - y_i)^2}$$

$$\tag{1-9}$$

余弦相似度衡量的是维度间取值方向的一致性，注重维度之间的差异，

不注重数值上的差异，而欧氏距离度量的是数值上的差异性。从实际的信号测量及数据分析结果来看，同一点位的振动信号的差异较小，前几步处理得到的特征信号在维度上的差距较小，而在数值上有一定的差异，因此后续采用欧氏距离来进行分析。

（二）检测系统分析过程

本节中采用了基于 EEMD-能量熵的数据处理方法，分析原理是将设备表面测得的无异常的信号分布视为均匀分布，而在设备中存在异常时测得的信号分布是不均匀的。根据熵的定义，熵能够对信号混乱程度进行度量，因此基于 EEMD-能量熵的数据处理方法能够在一定程度上反映故障信号相对于正常信号的偏离程度。

基于 EEMD-能量熵的信号数据处理流程如下：

步骤 1：截取采集到的信号波形，选取冲击信号出现后 0.5s 内的时域波形信号。

步骤 2：对截取后的信号进行 EEMD 分解，选取主要的前 n 个 IMF 分量。振动信号经 EEMD 分解得到若干个 IMF 分量，但故障信息往往只包含在部分低频的 IMF 分量中，根据经验，保留前 5 个有效的 IMF 分量作为信号的特征向量。

步骤 3：对所得各 IMF 分量进行希尔伯特变换，得到它们的解析信号并求取信号包络。

步骤 4：对各 IMF 信号包络，根据时间等分为 m 段信号，并根据下式计算分段能量，即

$$Q_j(i) = \int_{t_1}^{t_2} |Z(t)|^2 \mathrm{d}t \tag{1-10}$$

式中：Q_j 为第 j 个 IMF 信号的能量；t_1 与 t_2 分别为第 i 段时间的分界点。

步骤 5：对各段信号进行归一化处理，即

$$\varepsilon_j(i) = \frac{Q_j(i)}{\sum_{i=1}^{m} Q_j(i)} \tag{1-11}$$

步骤 6：计算 n 个 IMF 分量的等时间分段的能量熵 H，得到信号波形基

于 EEMD-能量熵的特征向量 T，即

$$T = [H_1, H_2, H_3, \cdots, H_n] \tag{1-12}$$

步骤 7：基于所得特征向量，通过相似度分析计算异常状态下信号波形与正常信号波形的欧氏距离。

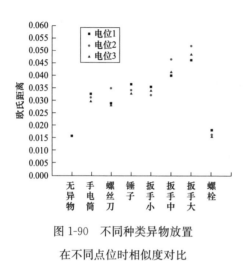

图 1-90　不同种类异物放置
在不同点位时相似度对比

考虑到工程实际情况，试验中选用了多种异物，并将异物分别放置在三处点位进行多次试验。将母线筒内放置异物时测点上的多次测量结果与母线筒内无异物时的测量结果按照以上方法进行相似度分析，并对所得的多组结果取平均值，绘制多种异物分别放置在不同点位时与无异物时的相似度对比图（见图 1-90）。

图 1-90 中，GIS 设备内部无异物时的欧氏距离分析结果为 0.0157，是因为数据分析中将无异物时测得的多个信号波形之间进行相似度分析并取平均值，由于多个信号波形之间存在差异，因此无异物时的欧氏距离分析结果不为零。

观察图 1-90 中所有异物分别放置在三处点位时的结果，欧氏距离与异物种类的关系更为密切，而三种异物摆放位置分析所得的欧氏距离结果较为集中。试验中用到了大、中和小三种扳手，随着放入 GIS 的扳手变大，外壳表面测得的振动信号与无异物时振动信号的欧氏距离有了较为明显的增加。根据上文中欧氏距离的定义，本质上计算所得结果为两特征向量的距离，值越大，表明两特征向量的距离越大，差异也就越多。因此，扳手越大，对母线筒内部结构的影响就越大，使得在设备外壳表面测得的振动信号与无异物时的振动信号的特征向量差异越大。

结合图 1-90 中分析结果，测得的振动信号与正常信号的欧氏距离计算结果大于 0.025 时，所测设备内部可能存在异常。通过对断路器操动时设备外壳振动信号进行测量和分析，能够通过以上的方法检测到大部分异物的存在。对于螺栓等小型异物仍无法通过这种方法检测出来，需要对振动测量及数据

处理过程做进一步的优化和完善。

（三）软件系统

软件系统通过 visual studio 2019 平台与 MATLAB 2020b 平台搭建，采用
VB 语言和 MATLAB 语言编写，该软件的主要功能包括采集 GIS 设备外壳的
振动信号数据、对已有振动信号数据进行重读以及通过数据分析判断 GIS 设
备状况。软件系统界面如图 1-91 所示。

图 1-91　振动信号采集分析与控制系统

软件中采样点数设置为 20000 个，采样频率为 20kHz，采集触发由振动
信号幅值超过 1g 时触发，背景噪声可以通过软件进行小波降噪之后滤除。

软件系统界面由工具栏、设备状态栏、时域波形图、参数设置四个部分
组成，此外数据处理部分通过该软件的数据处理按钮调用。

软件工具栏有"文件""开始""停止""关闭""退出""帮助""数据处
理"等功能。点击"文件"选项可设置振动检测文件保存位置，"开始""停
止""关闭"可控制当前振动检测试验的进程，结束试验时点击"退出"可退
出当前软件界面，点击"帮助"可显示编写软件人员联系方式以方便提供技
术支持。

设备状态栏可显示当前软件在执行的任务，便于操作人员了解当前软件
运行状态。时域波形图部分显示振动信号时域波形，在 GIS 设备开关操作振
动信号的激励下，GIS 设备表面会产生振动信号，信号超过设定阈值后经数
据采集可实时显示波形。

参数设置区域中，在测量对象框勾选正常选项之后，检测系统测量振动

信号并将所存文件标注为正常，若勾选实测选项，检测系统测量振动信号并将所存文件标注为实测，便于将所测信号与正常情况下信号进行对比分析。参数设置区域的其他选项为系统默认值，不可擅做修改，否则会影响振动信号检测与分析结果。

数据处理部分区域如图 1-92 所示，包含"浏览""分析"和"重置"三种功能按钮，"浏览"按钮用于信号文件的选择，"分析"按钮用于对已选文件进行数据处理，"重置"按钮用于清空已选的信号文件与分析结果。

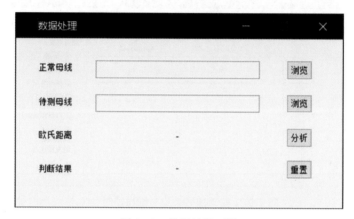

图 1-92   分析结果区域

(四) 硬件系统

硬件系统由采集卡、传感器和上位机组成（见图 1-93）。GIS 设备中的断路器在开关操动时能够产生振动激励信号，并通过设备外壳进行振动信号的传递，在适当位置布置振动加速度传感器接受振动响应信号，通过采集卡采集振动响应信号并将其传输到上位机的数据处理软件中，然后进行数

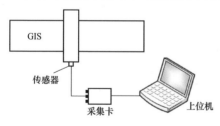

图 1-93   检测系统示意图

据处理以及信号特征提取，经过分析得到 GIS 设备状况。

硬件系统由采集卡、振动加速度传感器和上位机三部分组成，硬件设备型号为 UA328 型采集卡、13100 型振动加速度传感器，上位机为 64 位Windows 系统，检测系统硬件系统实物图如图 1-94 所示。

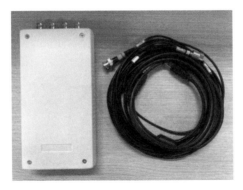

图 1-94　检测系统实物图

振动加速度传感器为电压信号输出，且需供电，供电由采集卡内置电源提供，采集卡自身供电方式为 USB 接口供电。

二、GIS 开关及腔体机械缺陷声学检测系统

针对目前对 GIS 断路器的暂态声振信号没有专门的采集软件，不能准确分析 GIS 是否有故障，该软件可以对 GIS 断路器的暂态声学信号进行采集，并通过对数据进行小波时频分析和梯度矩阵分析，最后通过计算余弦相似度与差值平方和相似度得出 GIS 断路器状态。

该软件的创新点为：①对数据进行小波时频分析和梯度矩阵分析；②通过计算余弦相似度与差值平方和相似度得出结论。

GIS 暂态声学信号检测系统主界面如图 1-95 所示。

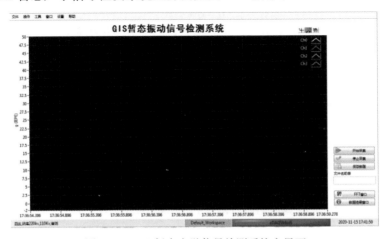

图 1-95　GIS 暂态声学信号检测系统主界面

点击左上角设置图标，可以对存储文件名、存储路径、采集通道、硬件参数及触发类型进行设置，如图 1-96 所示。

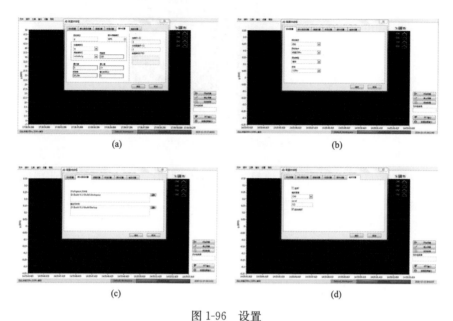

图 1-96　设置

（a）设置硬件参数；（b）测试配置；（c）默认存储路径设置；（d）触发设置

在图 1-91 右下角文件名前缀对本次采集的文件进行命名，然后点击右下角"开始采集"按钮，程序自动运行，开始采集 GIS 暂态声学信号。点击"停止采集"则程序停止采集，如图 1-97 所示。采集过程中，点击左上角操作

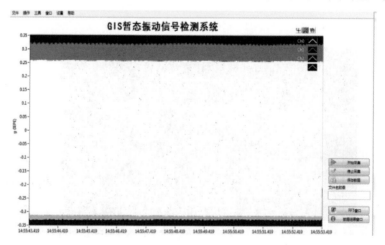

图 1-97　采集

按钮可以选择对图像进行刷新或者重置。

　　点击左上角"文件"按钮可以选择将采集到的声学信号文件另存到其他文件夹。

　　点击右下角"数据结果"窗口直接查看本次测试数据的详细信息，也可以通过点击左上角文件按钮，载入之前所采集到的数据进行分析，如图 1-98 所示。点击左上角窗口按钮切换到数据结果窗口或 FFT 窗口。最后点击左上角操作按钮，选择对数据进行分析，得出结论，如图 1-99 所示。

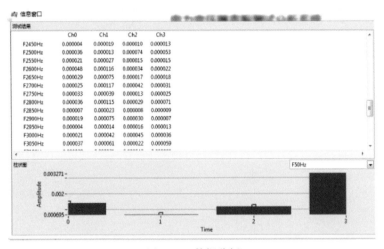

图 1-98　数据分析

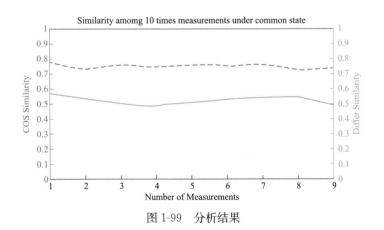

图 1-99　分析结果

第二章

GIS 中异常温升的温度
分布特性及检测

---- **第一节** ----

GIS 温度多物理场耦合仿真计算

一、110kV GIS 温度仿真分析

(一) 仿真模型

110kV GIS 隔离开关为三相共箱式结构，三相触头采取等边三角形式分布，其尺寸参数见表 2-1。建立的三维有限元模型如图 2-1 所示。外壳和导杆材料为铝合金 2024-T6，绝缘盆子材料为环氧树脂，相对介电常数为 4.5。正常工况下，工作电流为 2000A，气室内 SF_6 气压为 0.4MPa。

表 2-1　　　　　　　　　　110kV GIS 隔离开关参数表

隔离开关外壳	外径（mm）	580
	内径（mm）	564
隔离开关导杆	外径（mm）	70
	内径（mm）	50
隔离开关触头	外径（mm）	50
	内径（mm）	40
导杆与导杆中心距（mm）		242
额定电流（A）		2000
SF_6 气压（MPa）		0.4
绝缘盆子厚度（mm）		50

首先将隔离开关模型导入到电磁仿真软件 Maxwell 3D 中，加载负荷电流，进行热功率的计算。因为是三相共箱式结构，三根导杆的电流大小均为 2000A、50Hz 交流电，相角依次滞后 120°。在 Workbench 平台上，将 Maxwell 中的运算结果导入到 Icepak 中作为初始值，即进行电热场耦合，如图 2-2 所示。

模型在两个软件中是共用的，在 Icapak 中对于复杂部件（例如槽口）做了一些局部的简化，不影响仿真的特征。Icepak 本身提供了各种材料库，固

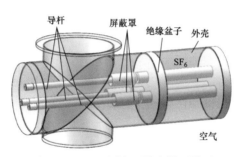

图 2-1　110kV 隔离开关有限元模型

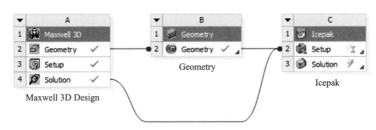

图 2-2　ANSYS Workbench 仿真耦合连接图

体材料物理属性主要包括比热容、密度、导热系数以及材料表面的粗糙度。流体的属性包括体积膨胀系数、黏度、比热容、导热率、扩散率和分子量。常规材料物理属性如表 2-2 所示。

表 2-2　材料的物理性质

物理属性	空气	铝	铜	环氧树脂	不锈钢
相对磁导率	1	1	1	1	1
热容[J/(kg·K)]	1004	900	385	1000	475
电导率(S/m)	约为0	$3.774×10^7$	$5.99×10^7$	约为0	$4.032×10^6$
导热系数[W/(m·K)]	0.023	238	400	0.88	44.5
密度(kg/m³)	1.293	2700	8960	980	7850

　　仿真运算前，设置环境温度为 25℃，外部流体为空气（Air），大气压为 0.1MPa，流态设置为湍流，重力方向为负 Y 轴方向，模拟室内实验环境，无光照和风速等环境因素影响。各部件在材料库中选取实际材质。

　　GIS 气室内气体为 SF_6，由于材料库内不自带，需要添加一新材料，对气体参数（包括体积膨胀系数、密度、动力黏度、比热容、扩散系数、导热率和分子量）进行设置。

1. 体积膨胀系数

SF_6 体积膨胀系数不能直接查出或计算得到，采用一般气体的体积膨胀系数 1/273，即 3.66×10^{-3}。

2. 密度

由图 2-3 可以查出，在 50℃左右，5 个大气压条件下，SF_6 气体密度约为 0.007284kg/L，即 7.284kg/m³。

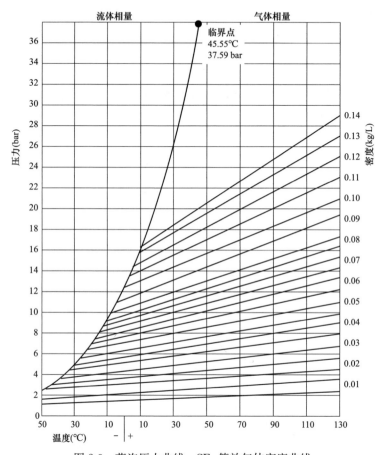

图 2-3 蒸汽压力曲线：SF_6 等效气体密度曲线

3. 动力黏度

在 1 个大气压，30℃情况下的黏度为 1.54×10^{-4} P（泊，1P＝100cP＝100mPa・s＝0.1Pa・s）。动力黏度与运动黏度的换算式为

$$\eta = \nu\rho \tag{2-1}$$

式中：η 为试样动力黏度，mPa・s；ν 为试样动力黏度，mm²/s；ρ 为试样的密度，g/cm³。

计算得到 SF_6 动力黏度为 1.7×10^{-5} kg/(m・s)。

4. 比热容

由表 2-3 可以看出，在 50℃左右，即 323K 时的 SF_6 气体比热约为 100J/(mol·K)，换算得 684.93J/(kg·K)。

表 2-3   **SF_6 比热容与温度关系**

温度（K）	298	373	400	473	500	573	600
比热容［J/(mol·K)］	97.2	112.4	116.3	125.8	128.5	134.5	135.1

5. 扩散系数

扩散系数主要反映分子布朗运动的特性，对于二元气体扩散系数的估算，通常用较简单的由富勒（Fuller）等提出的公式，即

$$D = \frac{0.0101 T^{1.75} \sqrt{\dfrac{1}{M_A} + \dfrac{1}{M_B}}}{P \left[(\sum v_A)^{1/3} + (\sum v_B)^{1/3} \right]^2} \tag{2-2}$$

式中：D 为二元气体的扩散系数，m^2/s；P 为气体的总压，Pa；T 为气体的温度，K；M_A，M_B 为组分 A，B 的摩尔质量，kg/kmol；v_A，v_B 为组分 A，B 的分子扩散体积，cm^3/mol。

计算得，SF_6 气体的扩散系数为 $0.327 m^2/s$。

6. 导热率

由图 2-4 查得，SF_6 导热系数约为 1.60W/(cm·K)，即 0.016W/(m·K)。

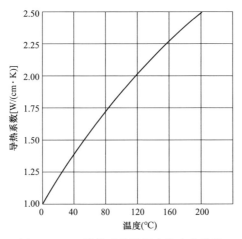

图 2-4 SF_6 导热系数随温度的变化曲线

7. 分子量

通过资料查找得到，SF_6 气体的分子量为 146.06kg/kmol。

综上所述，相应的 SF_6 气体参数如表 2-4 所示。

表 2-4 SF_6 气体参数

膨胀系数（1/K）	3.66×10^{-3}
密度（kg/m³）	7.284
动力黏度 [kg/(m·s)]	1.7×10^{-5}
比热容 [J/(kg·K)]	684.93
扩散系数（m²/s）	0.327
导热率 [W/(m·K)]	0.016
分子量	146.06

对几何模型进行划分是 Icepak 热仿真的第二步，网格质量好坏直接决定求解计算精度以及计算结果是否收敛。优质的网格可以保证网格的计算精度，Icepak 提供非结构化网格、结构化网格、Mesher-HD 网格（六面体占优），同时提供非连续网格、适合 Mesher-HD 的多级网格处理模式。其中，Mesher-HD 网格大多由六面体单元构成，还包含四面体或者椎体单元，采用先进的算法，可以得到与 CAD 几何体最接近的单元类型，适用于 CAD 导入的几何体、球体椭球体等，可以拟合任何 Hexahedral 网格可以拟合的形状，可以处理无限规模和复杂性网格。采用 Mesher-HD 处理模型，为保证运算速度，在保证计算精度的基础上，尽量减少网格的数量，网格划分结构如图 2-5 所示。

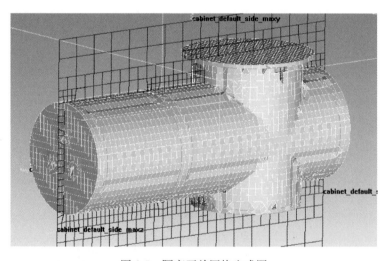

图 2-5　隔离开关网格生成图

(二) 正常工况仿真结果

正常工况下，通入 2000A、50Hz 交流电流，环境温度为 25℃，其温度仿真结果如图 2-6 所示。外壳温度为 26.2～28.9℃，由于导杆通过电流致热，SF_6 气体受热上浮，向壳体顶部运动，带动热量向上传递，所以顶部外壳温度偏高，基本在 28℃ 以上，底部外壳则变现为低温区，在 26℃ 不均匀分布。热稳态情况下，导杆温度分布均匀，为 43～46℃，上侧导杆由于受 SF_6 热运动影响，温度相对更高，达到 46.3℃，导杆整体温升在 21℃ 左右。

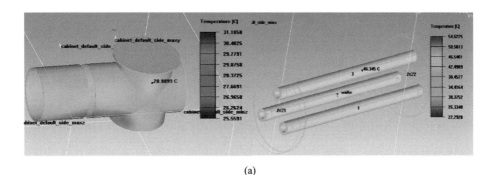

(a)

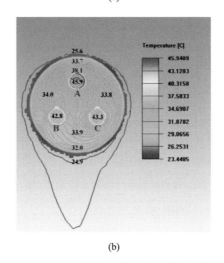

(b)

图 2-6　110kV 隔离开关正常工况仿真结果

(a) 外壳温度与导杆温度；(b) 截面等温线分布

从截面等温线分布图可以更直观地看出，上侧导杆的等温线更加密集，温度梯度最大，从导杆表面到导杆与气体的接触面这段很小距离，温度下降幅值为 10℃ 左右；从导杆到外壳这段距离，等温线从密集变稀疏再变密集，说明温度在物质间交界面变化很快，这与两种物质间的导热率有关。由于金属的导热率远远高于 SF_6 气体，所以即使 SF_6 靠近热源，温升也不会像导杆那么多，同时在气体与外壳的交界面，温度也会下降得很快。受 SF_6 气体分子热运动的影响，气体随着温度的升高气体局部密度降低，向上方移动，导杆通电产生的热量更多地被传递到气室的顶部，高温气体再从顶部向横截面两侧扩散，形成局部的热力环流，印证了顶部外壳温度高于其他部位的这一特点。

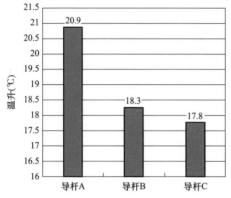

图 2-7 110kV GIS 三相导杆温升直方图

设定上侧的导杆为 A 相，下侧导杆分别为 B 相和 C 相，做三相导杆的温升直方图（见图 2-7）。A 相温升最大，为 20.9℃，B、C 相接近，分别是 18.3℃和 17.8℃。对比可知，即使在正常的工况下，上侧的导杆比其他相仍高 3℃左右，在这类三相共箱式结构中，是一种比较明显的特征。

（三）异常温升仿真结果

GIS 隔离开关内装有导杆、触指、弹簧等连接部件，导杆与连接件之间多采用插接的连接方式。GIS 设备回路电阻由本身的固有电阻和连接部位的接触电阻两部分组成。导体自身电阻主要与导体的结构、电导率等固有属性有关，在实际运行过程，自身电阻值变化一般不大。当回路发生接触不良时，电阻变化主要取决于连接处的接触电阻。

GIS 设备导电回路的接触电阻指的是连接部位端子接触面所产生的附加电阻，影响回路电阻大小的因素主要有材料的性质、接触面状态、接触压力等。通过图 2-8，对接触面的微观分析可知，连接部位的接触并不是整个视在界面的接触，而是散布在接触面上的点接触，各接触点的面积之和就是实际接触面积。当触指这类部位接触不良时，接触

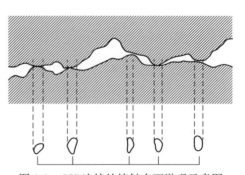

图 2-8 GIS 连接处接触表面微观示意图

点的数量减少，实际接触面积减小，在接触点的界面造成电流通路收缩，电流密度变大，电阻值上升明显。在大电流的情况下，局部很容易因为阻值过大温升过高，导致烧蚀。

由于在实际软件设置中，仿真模型无法直接体现接触电阻，因此采用改变隔离开关触头重合部位材质的电导率的方法，实现特定部位下元件电阻值的变化，并简化触指等细节零件，110kV 隔离开关触头部位阻值设定示意图如图 2-9 和图 2-10 所示。在 Maxwell 3D 电磁仿真中，常规导杆的材料为铝合金，电导率约为 $3.8 \times 10^7 \, \text{S/m}$。为模拟隔离开关异常接触导致电阻变大的情况，分析相关材料，当触头接触不良时，局部电阻

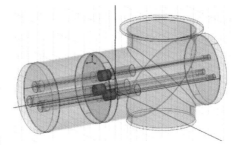

图 2-9　110kV 隔离开关触头
部位阻值设定示意图

值可以达到常规阻值 10 倍以上，引起异常温升及烧蚀。设定触头重合部位长度为 50mm，该部位电导率为 $3.8 \times 10^6 \, \text{S/m}$，使得整体阻值也变大，具体参数如表 2-5 所示。导入 Icepak 中，导杆和界面温度分布仿真结果如图 2-11 所示。

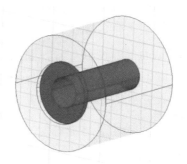

图 2-10　隔离开关触头部位

表 2-5　　　　　　　　　　　异常接触部位材料参数

参数	值
相对磁导率	1
热容 [J/(kg·K)]	900
电导率（S/m）	3.774×10^7
导热系数 [W/(m·K)]	238
密度（kg/m³）	2700

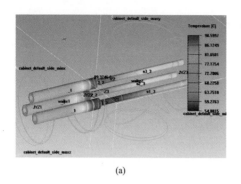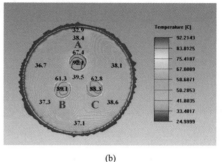

(a)　　　　　　　　　　　　　　　(b)

图 2-11　110kV 隔离开关异常温升仿真结果

（a）导杆温度分布；（b）截面等温线分布

从图 2-11 可以看出，异常情况下，不良接触位置的温升是最高的，大量热量从该位置向导杆两侧传递，相对的，导杆的横截面面积也会影响散热的效果。A 相导杆最高温达到 92℃，在 25℃的环境温度下，温升达到了 67℃。根据 GB/T 11022—2011《高压开关设备和控制设备标准的共用技术要求》中零件温升极限标准规定，触头这一类采用滑动连接并且连接面为裸铜或镀银镀镍部件的允许最大温升值是 65℃，仿真结果超过这一规定值，在实际设备事故中，局部的点接触面积更小，将导致更大的接触电阻，瞬间大电流引起更高的温升，局部的高温将引起触头的烧蚀，产生电闪络并导致附近绝缘盆子的老化，且这一暂态过程发展迅速，严重影响 GIS 设备的安全运行。从截面等温线分布看，围绕三相导杆，在其周围等温线非常密集，气室内 SF_6 气体的温度对比正常工况下要高得多，在导杆附近的温度梯度很大，靠近侧达到 60℃以上，热量从导杆中心向外扩散，温度虽然降低，但基本在 36℃以上，外壳温度达到了 32～33℃，这些都大大影响 GIS 的可靠运行。

对 A、B、C 三相导杆，从各自导杆中心沿直径方向到外壳这段距离，做温度随距离变化的分布曲线。对三相分别比较正常工况与异常温升情况下温度分布差异，如图 2-12 所示。

从图 2-12 可以看出，异常温升时导杆温度普遍比正常工况下高 45℃左右，相对的，A 相温度是最高的。同时相同距离点，异常温升时 SF_6 气体的温度也更高，温差在 5℃左右，在气室内大部分空间里，气体的温度分布很均匀的，变化很小。从导杆中心到外壳的这段距离，温度有两个明显变化阶段：

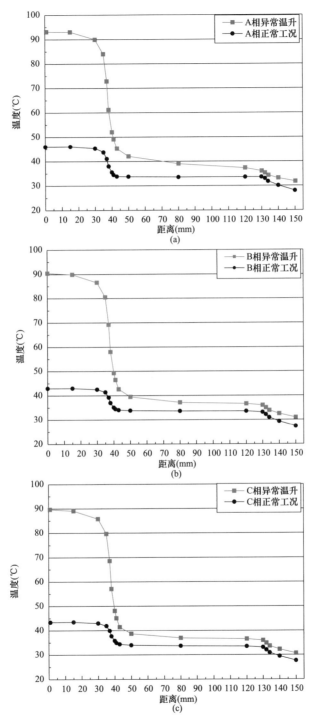

图 2-12 温度随距离变化分布曲线图

(a) A 相导杆；(b) B 相导杆；(c) C 相导杆

①导杆与 SF_6 气体交界面，很短的距离内，温度迅速下降，导杆虽然是热源，但气体的导热系数比金属小得多，热量传递效率不高，并且 GIS 气室内的空间有助于气体流动交换热量，使得整体温升没有那么剧烈；② SF_6 气体与外壳的交界面，温度下降较快，但没前一交界面那么迅速，热量在气体与外壳之间传递，使得气体温度降低，外壳温度升高，相对而言，正常工况时温度下降更多一点，这与中心热源的热量高低有关。

二、220kV GIS 温度仿真分析

（一）220kV GIS 有限元模型

220kV GIS 为三相分箱式结构，其尺寸参数见表 2-6。外壳和导杆材料为铝合金 2024-T6；绝缘盆子材料为环氧树脂，相对介电常数为 4.5。正常工况下，主母线工作电流为 3150A，分母线工作电流为 2000A，气室内 SF_6 气压为 0.4MPa。典型的 GIS 结构有直线型、L 型和 T 型，三种有限元仿真模型如图 2-13 所示。

表 2-6   220kV GIS 参数表

外壳	外径（mm）	400
	内径（mm）	360
导杆	外径（mm）	100
	内径（mm）	80
隔离开关触头	外径（mm）	80
	内径（mm）	60
额定电流（A）	3150	
分母线电流（A）	2000	
SF_6 气压（MPa）	0.4	

（二）仿真结果

设置环境温度 25℃，无风速，通入 3150A、50Hz 交流电，SF_6 气压设置为 0.4MPa。在 T 型母线结构中，主母线一侧流入电流 3150A，分母线 1 流出电流 2000A，分母线 2 流出 1150A。仿真温度结果如图 2-14～图 2-16 所示。可看出，在三种不同结构中，GIS 母线导杆温度分布呈现一定差异。

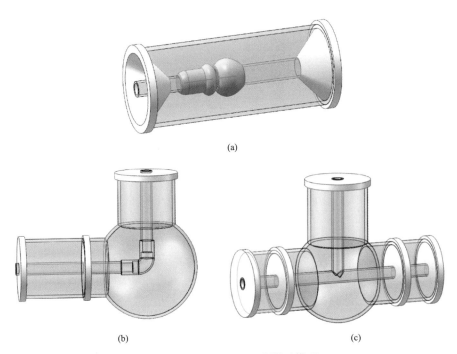

图 2-13　220kV GIS 有限元模型

（a）隔离开关；（b）L 型母线；（c）T 型母线

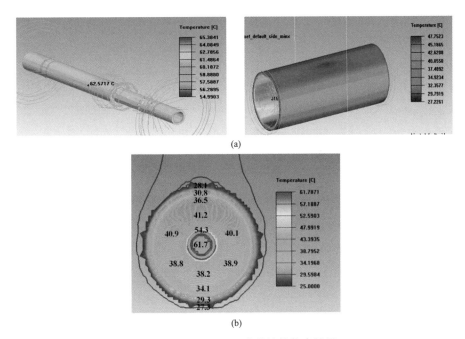

图 2-14　220kV GIS 直线结构仿真结果

（a）导杆温度与外壳温度；（b）截面等温线分布

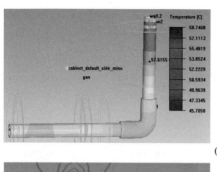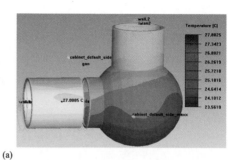

(a)

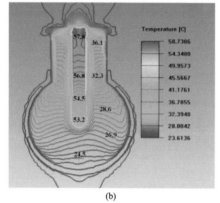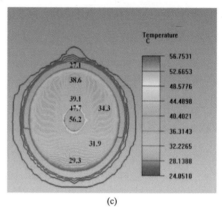

(b)   (c)

图 2-15　220kV GIS L 型结构仿真结果

（a）导杆温度与外壳温度；（b）截面 1 等温线分布；（c）截面 2 等温线分布

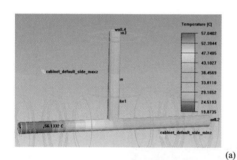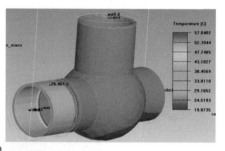

(a)

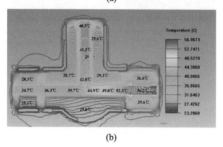

(b)

图 2-16　220kV GIS T 型结构仿真结果

（a）导杆温度与外壳温度；（b）截面等温线分布

直线型隔离开关结构中，正常工况下导杆温度分布均匀，为61～63℃，基本稳定。与绝缘子接触的部位温度较低，因热量传递给绝缘子。由于铝质材料良好的导热性以及周围的空气对流，外壳外部温度大致为27～29℃，相对的，由于SF_6的作用，顶侧外壳的温度相对高一点。绝缘盆子与导电杆直接接触的部分，温度与导电杆相近，达61℃；越靠近外侧，温度越低，靠近导杆的部位温度梯度很大。通过截面等温线图，可以更直观地看到，壳体内上部区域的SF_6气体温度变化范围更大，高温气体从导杆向顶部运动再沿着外壳内壁向两侧移动，形成气体循环；导杆与气体的交界面是等温线最密集的区域，温度迅速变化。距导杆圆心相同距离，越接近底部，气体温度越低。

在L型母线的温度结果中，导杆温度相对隔离开关来说低一些，在53～58℃之间分布，其中L型拐角处出现了导杆温度的最低值，约53℃。这是由于L型结构在拐角处结构有相对更大的空间，且电流密度分布不均匀，较大的空间给气体带来更多的散热空间。取两个截面，竖直导杆这一段，平行于导杆并过对称中心线取截面1；水平导杆这一段，垂直导杆方向取截面2。从截面图上看，SF_6气体的温度也呈现出不均匀分布，在两端温度更高，中间层温度更低。在截面1的等温线分布中，越靠近上端，导杆还有气体的温度越高。SF_6气体将热量带向顶层，并且由于顶部绝缘盆子的阻断，热量集中在这一区域，温升明显更大。顶部导杆温度比拐角处导杆温度高了4.6℃。底部拐角处的气体温度很低，局部甚至低于25℃的环境温度，因为拐角处的气室空间很大，有助于外壳散热，使得气体的温度偏低。在截面2的等温线分布中，气体的温度分布相对更均匀些，导杆的温度稳定在56℃，因为是水平方向，所以该导杆整体温度分布较为均匀。气室内底部的气体温度比截面2的温度要更高一些。从外壳的温度分布上可以得知，外壳顶部温度比底部更高；并且由于左侧绝缘盆子阻止了相邻气室的SF_6流通，左侧相对紧凑的结构下外壳温度更高一些。外壳整体温度在25.5～27.5℃之间分布。

T型结构中，输入端主母线温度最高，达到57℃，输出端两侧由于电流的减小，导杆温度数值并没有主母线那么大。设通过2000A电流的为分母线1，通过1150A电流的为分母线2。分母线1温度为42℃，分母线2温度为36℃。其中外壳温度也由于电流的分流呈现出区域分布，流入段外壳温度最高，达到27℃；流出两端温升很小，温度在26℃左右。从截面等温线分布分析，T 型结构主母线端等温线最密集，流入端气室体积较小，绝缘盆子阻碍了 SF₆ 气体的流动，使得主母线的气室温度升高明显，顶部达到 36.6℃，两端分母线的等温线则相对稀疏，中间气室的空间给予气体足够的流动空间。有别于其他两种结构的是，T 型结构分母线的顶部导杆温度低于底部温度，这是由于底部结构中由主母线分流成两条分母线，交汇处电流还是很大，产生的热量比单一分母线大得多，所以即便有 SF₆ 气体上浮传递热量的影响，顶部温度依然低于底部。

三种结构下导杆的温升数值直方图如图 2-17 所示，直线型相对较高，L型和 T 型主母线基本相同，分母线因为电流的原因温升小很多。220kV GIS在正常工况下，内部导杆温升基本在 30℃ 以上，对比之下明显高于 110kV GIS 导杆 20℃ 左右的温升。在尺寸结构相近的情况下，温升高的主要原因是工作电流大，在现场检测的时候应注意其温度的差异。

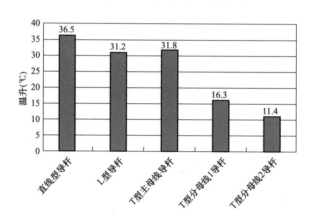

图 2-17　220kV GIS 导杆温升直方图

三、330kV GIS 温度仿真分析

（一）330kV GIS 有限元模型

330kV GIS 设备为三相分箱式结构，其尺寸参数见表 2-7。充分考虑到 GIS 典型结构的影响，建立了隔离开关、I 型、L 型和 T 型母线的模型（见图 2-18）。外壳和导杆材料为铝合金 2024-T6；绝缘盆子材料为环氧树脂，相对介电常数为 4.5。正常工况下，主母线工作电流为 4000A，气分母线工作电流为 3000A，室内 SF₆ 气压为 0.5MPa。

表 2-7	330kV GIS 参数表		
外壳	外径（mm）	452	
	内径（mm）	434	
导杆	外径（mm）	170	
	内径（mm）	150	
隔离开关触头	外径（mm）	150	
	内径（mm）	130	
额定电流（A）	4000		
分母线电流（A）	3000		
SF$_6$ 气压（MPa）	0.5		

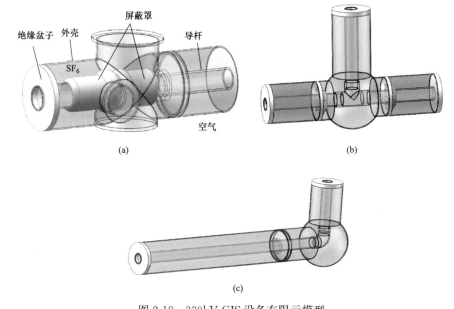

图 2-18　330kV GIS 设备有限元模型

（a）隔离开关；（b）T 型母线；（c）I 型与 L 型母线

（二）仿真结果

设置环境温度 25℃，无风速，通入 4000A、50Hz 交流电，SF$_6$ 气压设置为 0.5MPa，T 型结构中，分支母线电流分别为 3000A 与 1000A。设通过 3000A 电流的为分母线 1，通过 1000A 电流的为分母线 2。可看出，隔离开关导杆温度分布均匀，在 45～47℃之间，基本稳定，导杆粗的一端温度相对较低，下降约 2℃，隔离开关外壳由于结构的变化，温度在 29～30.7℃之间分布，其中侧边法兰因为离中心导杆较远，出现了外壳的最低温。从隔离开关整体的截面等温线分布来分析，可清晰得出，在较细导杆这一侧，所处的气室内 SF$_6$ 气体温度更高一些，右侧的绝缘盆子阻止了气室与气室之间气体的交换。气体温度大致分布在 32～36℃ 之间，其中由于气体受热上浮的影响，上侧气体温度高于下侧气体温度。330kV GIS 隔离开关仿真结果如图 2-19 所示。

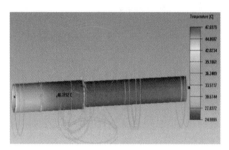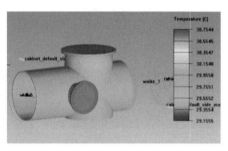

(a)

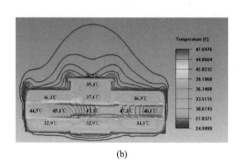

(b)

图 2-19　330kV GIS 隔离开关温度仿真结果

（a）导杆温度与外壳温度；（b）截面等温线分布

仿真中，将 I 型结构与 L 型连接在一起，便于开展温度分布特性研究。从仿真结果来看，I 型导杆温度相对较高，达到 40.5℃，L 型导杆在 39℃，并且因为拐角处的结构，外壳的温度分布不均匀。I 型母线外壳温度分布均匀，在 28.7℃ 左右，L 型结构外壳温度在 28～29℃ 之间分布，其中拐角处外壳出现了温度的最低点，为 28℃，这是由于气室有较大的空间且气体向上侧运动带走热量。取两个截面，竖直导杆这一段，平行于导杆并过对称中心线取截面 1；水平导杆这一段，垂直导杆方向取截面 2。在截面 1 等温线分布图中，导杆的温度受气体运动的影响几乎没有，稳定在 39.2℃ 上下，气室内的气体则出现较大差异，最上侧与最下侧之间有 5℃ 左右的差值，等温线也是呈现拱桥型分布。在截面 2 等温线分布中，直线型结构温度左右对称、分布均匀。330kV GIS 直线型与 L 型结构仿真结果如图 2-20 所示。

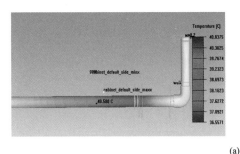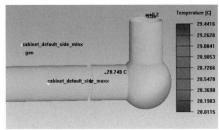

(a)

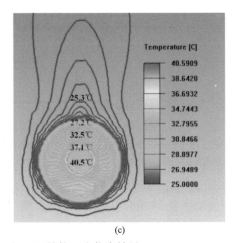

(b)　　　　　　　　　　　　　　(c)

图 2-20　330kV GIS 直线型与 L 型结构温度仿真结果

（a）导杆温度与外壳温度；（b）截面 1 等温线分布；（c）截面 2 等温线分布

由于结构的原因，T 型母线电流分流，所以温度会由于电流的大小呈现不同的值，最高温出现在主母线的导杆上，温度约 43.8℃，分支母线 1 的温度为 37℃，分母线 2 为 32℃。外壳的温升较小，一般为 2.5～4.5℃。外壳的最高温出现在主母线的上侧。从截面等温线分布分析，自电流流入一侧，温度从主母线导杆向分母线不断降低，呈一定阶梯性。相比于 220kV GIS，330kV GIS 各零件尺寸都大得多，虽然电流更大，但更大的壳体给予了更大的散热空间。所以，气体的等温线分布较 220kV 也更加均匀，气体温升数值也更低。330kV GIS T 型结构仿真温度结果如图 2-21 所示。

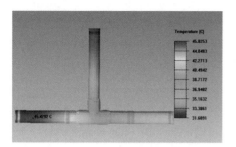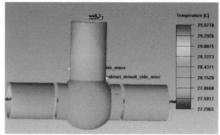

(a)

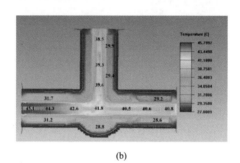

(b)

图 2-21　330kV GIS T 型结构仿真温度结果

（a）导杆温度与外壳温度；（b）截面等温线分布

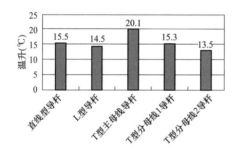

图 2-22　330kV GIS 导杆温升直方图

对比三种结构中导杆的温升数值，结果如图 2-22 所示。其中 T 型结构的主母温升是最高的，工作电流都相同，但是由于 T 型母线一端较为紧密的气室结构，以及绝缘盆子阻隔了气体热量的交换，所以温度升得最高。直线型导杆次之，温升最低的是 L 型导杆。通过分析，壳体的结构以及空间大小，会对内部导杆的温升有一定程度的影响。

四、550kV GIS 隔离开关温度仿真分析

（一）550kV GIS 隔离开关有限元模型

550kV GIS 设备为三相分箱式结构，其尺寸参数见表 2-8。建立的隔离开关三维有限元模型如图 2-23 所示。外壳和导杆材料为铝合金 2024-T6；绝缘盆子材料为环氧树脂，相对介电常数为 4.5。正常工况下，工作电流为

5000A，气室内 SF_6 气压为 0.5MPa。

表 2-8   550kV GIS 隔离开关参数表

隔离开关部位	参数	数值
隔离开关外壳	外径（mm）	590
	内径（mm）	560
隔离开关导杆	外径（mm）	90
	内径（mm）	80
隔离开关触头	外径（mm）	80
	内径（mm）	60
额定电流（A）	5000	
SF_6 气压（MPa）	0.5	

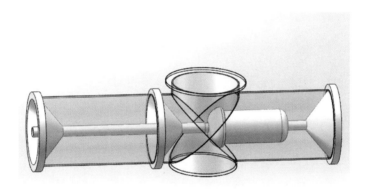

图 2-23　550kV 隔离开关有限元模型

（二）仿真结果

在仿真模型中设置环境温度为 25℃，无风速，通入 5000A、50Hz 交流电，SF_6 气压设置为 0.5MPa，温度的仿真结果如图 2-24 所示。从图 2-24 可以看出，由于绝缘盆子将两个气室隔离，导电杆温度左侧稍低，右侧更高，是由于右侧存在屏蔽罩，并且右侧导杆尺寸上更细一些，结构上更紧密，影响导杆的散热，导杆最高温约 50℃。

在等温线分布中，气室内 SF_6 气体温度自顶部向底部呈现逐渐降低分布，气体的等温线呈拱桥形特征，在导杆与气体的交界面，等温线密集，温度快速下降，与导杆中心距离相同时，上侧的气体温度比下侧高了约 2℃。值得注意的是，由于隔离开关侧边具有法兰这一结构，距离导杆最远，局部空间更大，所以气体的最低温并非出现在下侧，而是出现在靠近法兰的侧面，并且出现了局部的气体环流，从导杆传递到此处的热量是最低的，所以外壳的最低温也出现在此处，为25.5℃。

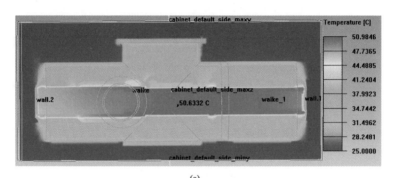

(a)

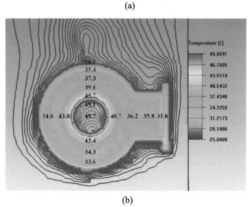

(b)

图 2-24　550kV 隔离开关仿真温度结果

（a）隔离开关截面温度；（b）隔离开关截面等温线分布

五、750kV GIS 温度仿真分析

（一）750kV GIS 有限元模型

750kV GIS 设备为三相分箱式结构，其尺寸参数见表 2-9。在充分考虑到 GIS 典型结构的基础上，建立了 T 型、I 型和 L 型母线的模型，建立的三维有限元模型如图 2-25 所示。外壳和导杆材料为铝合金 2024-T6；绝缘盆子材料为环氧树脂，相对介电常数为 4.5。正常工况下，工作电流为 6300A，分母线电流为 5000A，气室内 SF$_6$ 气压为 0.5MPa。

表 2-9　　　　　　　　　750kV GIS 母线参数表

母线外壳	外径（mm）	970
	内径（mm）	930
母线导杆	外径（mm）	260
	内径（mm）	236
额定电流（A）		6300
分母线电流（A）		5000
SF$_6$ 气压（MPa）		0.5

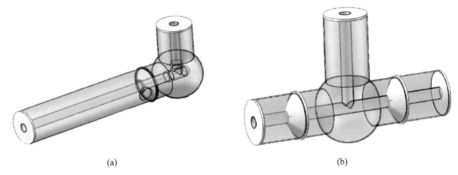

(a)　　　　　　　　　　　　　　　　(b)

图 2-25　750kV GIS 母线有限元模型

（a）"I 型 + L 型"母线；（b）T 型母线

（二）仿真结果

在仿真模型中，设置环境温度 25℃，无风速，主母线工作电流 6300A，分母线工作电流 5000A、50Hz 交流电，SF$_6$ 气压设置为 0.5MPa，仿真温度结果如图 2-26 和图 2-27 所示。可看出，由于 750kV GIS 单相结构，内部空间较大，所以在相同的外界温度条件下，相对其他电压等级的 GIS，温升数值是最小的。

正常情况下，在直线型结构中，导杆温度从 25℃升高到约 39℃后趋于稳定，L 型结构导杆的温度偏低，分布在 37～38℃之间。由于 750kV GIS 巨大的尺寸结构，使得外壳的表面积非常大，有利于散热，所以壳体的温升数值也是各电压等级中最小的，基本均匀分布在 25～26℃之间，表面没有明显区域的温度差异。取两个截面，竖直导杆这一段，平行于导杆并过对称中心线取截面 1；水平导杆这一段，垂直导杆方向取截面 2。从截面 1 的等温线看出，温度分布非常对称，L 型导杆拐角侧温度最低，只有 37.1℃，顶部导杆

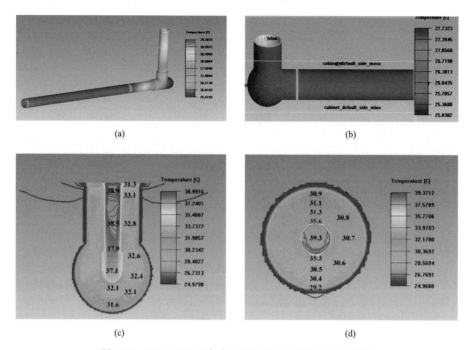

图 2-26　750kV GIS 直线型与 L 型结构温度仿真结果

（a）导杆温度；（b）外壳温度；（c）截面 1 等温线分布；（d）截面 2 等温线分布

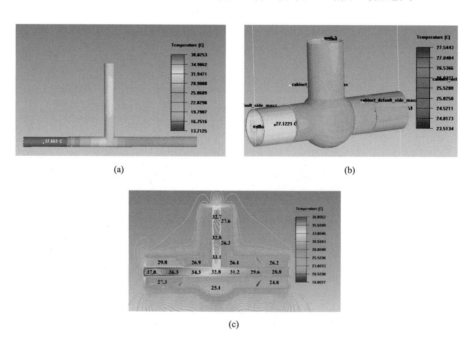

图 2-27　750kV GIS T 型结构温度仿真结果

（a）导杆温度；（b）外壳温度；（c）截面 1 等温线分布

温度最高，达到 38.9℃。SF$_6$ 气体自上而下，温度缓慢降低，梯度很小，在 31～33℃之间分布。从截面 2 等温线看出，直线型导杆温度同样对称，气体温度自上而下降低，外壳温度差异很小。

T 型结构中，由于分电流的作用，母线壳体气室内温度也呈现不同分布。相比较其他等级的 GIS，在 750kV 结构中，电流的分流更加明显。主母线的温升与直线型以及 L 型接近，但在两条分母线上，温升约为 8℃与 4℃，特别是流过 1000A 的分母线 2，温度与周围气体温度差异挺小，在导杆与气体交界面上的等温线梯度远远不如主母线。

对比三种结构中导杆的温升数值，结果如图 2-28 所示。其中三种结构主母线温升相近，T 型分母线温升差异大，特别是在分母线 2，正常温升仅为 4.2℃。在正常工作电流下，分母线对外壳的影响很小，受局部高温的威胁降低。结合前面的仿真结果，可以得出，设备尺寸结构对设备温升作用明显，尺寸越大，温升越低。

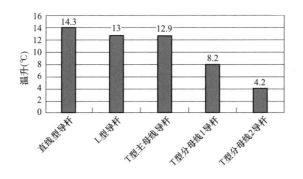

图 2-28 750kV GIS 导杆温升直方图

第二节

GIS 内部温升与壳体温升关系

一、考虑外部条件的 GIS 内部温升与壳体温升关系仿真研究

通过对比不同电压等级 GIS 设备温度差异，分析环境温度与外界风速对

导杆、外壳温度影响的作用关系，为推算经验公式提供数据支撑。图 2-29 为环境温度对各电压等级 GIS 各部件温度的影响。

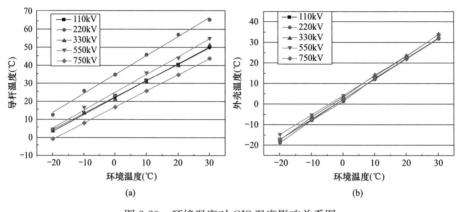

图 2-29　环境温度对 GIS 温度影响关系图

（a）导杆温度；（b）外壳温度

在温度测量中，外壳温度均选取顶部外壳温度，因为受 SF_6 气体分子热运动的影响，热量更多地传递到顶部，所以顶部外壳的温度更高，其数值的变化对于反映内部导体的温度更加精确；并且在现场试验时，研究人员通常使用红外热像仪对 GIS 外壳进行测温，顶部壳体的温度更高，在红外图像中与周围环境的对比更加明显，更容易反映温升数值。

从图 2-29 可以看出，环境温度的变化对于内外部的温度值起到一个基础的抬升或降低，数值关系上呈现线性关系。由于各电压等级 GIS 设备尺寸的不同，所以相同环境温度下，导杆温度并非随着电压等级的提高而提高，而是电流在导杆上产生的热效应与气室内绝缘气体流动散热共同作用的结果，相对的，220kV GIS 设备工作电流较大且壳体结构相对紧凑，其温升数值较高；外壳暴露在空气中，并且越远离中心导杆，SF_6 气体的温度越低，所以外壳温升数值整体偏小。750kV GIS 的温升数值是最小的，尽管电流最大，但庞大的尺寸对于散热起了巨大的作用。110kV GIS 虽然是三相共箱式结构，但是电流度数有限，且尺寸上比 220kV GIS 偏大，所以温升度数并不靠前。根据导杆温升数值从大到小对 GIS 的电压等级排序，分别为 220、550、330、110kV 和 750kV。

各电压等级 GIS 设备外壳温度差异不大。通过分析，可以得出环境温度在研究内外部温升数值关系时起到一个常量的作用。

图 2-30 为风速对各电压等级 GIS 温度的影响，外壳温度均取自顶部外壳温度。

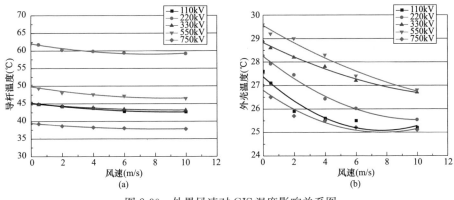

图 2-30　外界风速对 GIS 温度影响关系图

(a) 导杆温度；(b) 外壳温度

从图 2-30 可以看出，外界风速与内外部温升数值呈现非线性递减的关系，并且前期小数值风速的变化，对导杆和外壳温度变化的作用相对明显，后期随着风速不断增大，每增加 1m/s 的风速，降低的温度值更小。在各电压等级 GIS 设备中，除了 750kV GIS 导杆降温效果非常小之外，其他导杆降温效果基本相同，风速提高对 110kV GIS 外壳的降温效果最为明显，这是由于 110kV 为三相共箱式结构，导杆距离外壳更近，SF_6 气体起传热介质作用，将热量从导杆传递到外壳的同时，也将热量通过外壳传递到外界空气，达到传热与散热的平衡状态。风速提高对 750kV GIS 降温效果最不明显，这是由于 750kV GIS 设备尺寸很大，虽然工作电流最高，但其导杆与外壳的距离也最大，并且气室空间宽敞，风速的影响很难作用到 750kV GIS 设备内部。750kV GIS 的外壳因为表面积巨大，散热效率是最高的，但内部导杆温升最低，降温效果也就不大。

通过分析可得，外界风速在影响内外部温升数值关系时起到一个非线性指数变量的作用。

二、GIS 内部温升与壳体温升关系试验

(一) 试验平台

搭建 550kV GIS 试验平台（见图 2-31～图 2-33 所示），在良好接触情况

图 2-31　550kV GIS 试验平台现场图

下，通过大电流发生器，在 GIS 回路中施加不同数值的回路电流，同时使用红外热成像仪和 Pt 100 热电阻实时监测记录 GIS 母线外壳和导杆的温度变化，直至两者温度达到稳定，研究良好接触下稳态时导杆与外壳温度的数值关系。Pt 100 热电阻测温系统如图 2-34～图 2-36 所示。

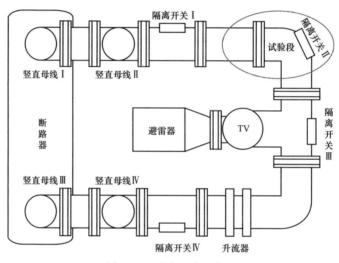

图 2-32　试验回路示意图

在搭建好的 550kV GIS 试验平台上，通过手动转动摇杆改变触头的接触位置，改变隔离开关的接触电阻，模拟隔离开关不良接触的情况，通过大电流发生器，在 GIS 回路中施加相同数值的回路电流，同时使用红外热成像仪和 Pt 100 热电阻实时监测记录 GIS 隔离开关外壳和触头的温度变化，直至两者温度达到稳定，研究异常发热时触头与外壳温度的数值关系。当电流条件相同时，分别对比 GIS 设备在异常发热、正常工况下，其内部温升、外壳温升的差异。

（二）试验方案

1. 直线型母线不同电流下的温升试验

试验设备包含 550kV GIS、回路电阻测试仪、5000A 大电流发生器、Pt 100 热电阻传感器、热电阻温度显示器、红外热成像仪等。具体试验步骤如下：

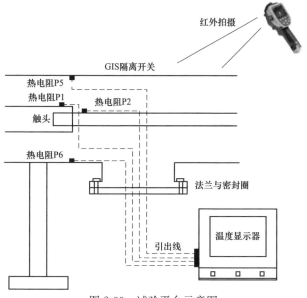

图 2-33 试验平台示意图

图 2-34 Pt 100 热电阻传感器与环氧树脂法兰

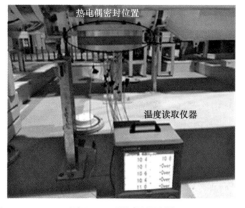

图 2-35 温度显示器

（1）试验前，将热电阻 P1 安装在导杆处；将热电阻 P2 安装在在对应导杆的 GIS 外壳内壁的上方处，热电阻 P3、P4 安装在外壳内壁的左右两侧，热电阻 P5 安装在外壳内壁的底部，具体安装位置如图 2-37 所示。

（2）热电偶测量线通过 GIS 侧边的窗口，并穿过一层环氧树脂板引出，接在温度显示器上。用环氧树脂板紧密固定在窗口，保证 GIS 气室密闭。

（3）检查设备的气密性。确认无误后，充入 0.5MPa 的 SF_6 气体。

（4）在未通电情况下，测量外部环境、导杆和外壳的温度，并记录，作

图 2-36　内部热电偶布置点

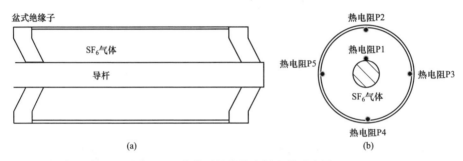

(a)

图 2-37　直线型母线热电偶安装示意图

（a）正视图；（b）侧视图

为初始值。

（5）用大电流发生器给母线回路通上 500A 的恒定电流，每隔 30min 记录一次各热电偶的温度，并用红外成像设备，测量 GIS 外壳外侧的温度并记录。若连续 1h 采集点的温度变化不超过 1K，则认为温升达到稳态，记录稳态时刻的导杆和外壳内外侧的温度。

（6）将大电流发生器关断，断开电流回路。

（7）待回路温度降到室温，进行下一组试验，返回第（5）步，依次取 1000、1500、2000、2500A 的回路电流，共进行 5 组试验。

（8）记录各回路电流下的导杆和外壳的温度，总结导杆温度和外壳温度的对应关系。

2. 不同接触电阻下的隔离开关的温升试验

（1）将隔离开关处于完全插入状态，使得触头处的接触电阻处于最小值。通过回路电阻测量仪测量，并记录该初始的接触电阻值。

（2）通过手动摇杆改变隔离开关触头的插入深度，使测量的接触电阻达到电阻测试仪的最大量程，记录该最大的接触电阻值。

（3）将热电阻 P1、P2 安装在动静触头处；热电阻 P3、P4 安装在屏蔽罩处；热电阻 P5、P6 安装在隔离开关对应的 GIS 外壳内壁的上下侧；热电阻 P7、P8、P9 安装在临近的外壳内壁的上侧、边侧和下侧。热电偶测量线通过 GIS 侧边的窗口并穿过一层环氧树脂板引出，接在温度显示器上。用环氧树脂板紧密固定在窗口，保证 GIS 气室密闭。图 2-38 为隔离开关的热电偶安装示意图。

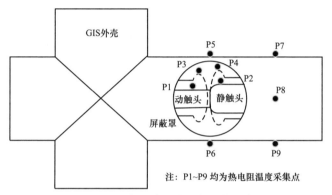

图 2-38　隔离开关的热电偶安装示意图

（4）试验前，通过手动摇杆，将触头位置调制正常。

（5）检查试验平台的气密性，然后在气室内充入 0.5MPa 的 SF_6 气体。

（6）在未通电情况下，测量外部环境、隔离开关和外壳的温度，并记录，作为初始值。

（7）用大电流发生器给隔离开关回路通上 2000A 的恒定电流，每隔 30min 记录一次各热电阻的温度，并用红外成像设备，测量 GIS 外壳外侧的温度并记录。若连续 1h 采集点的温度变化不超过 1K，则认为温升达到稳态，记录稳态时刻的触头和外壳内外侧的温度。

（8）将大电流发生器关断，断开电流回路。

（9）待回路温度降到室温，进行下一组试验，返回第（4）步，依次调节整个试验回路电阻为 100、150、200、500、800$\mu\Omega$，并重复第（5）～（7）步的试验内容，共进行 6 组试验。

（10）记录各接触电阻下的触头和外壳温度，总结触头温度和外壳温度的对应关系。

(三) 试验结果

1. 不同负载电流下 GIS 母线温升试验

隔离开关正常接触，负载电流分别为 500、1000、1500、2000A 以及 2500A 时各测温点温度随时间变化曲线如图 2-39～图 2-43 所示。

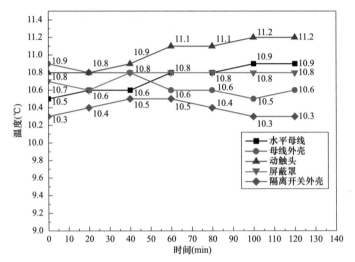

图 2-39　550kV GIS 500A 工作电流下部件温度变化曲线图

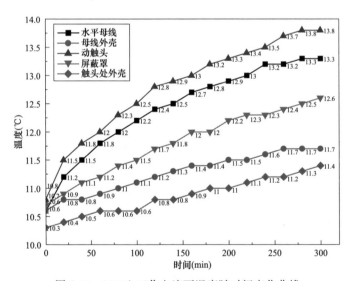

图 2-40　1000A 工作电流下温度随时间变化曲线

从图 2-39 可以看出，通入负载电流后电阻发生发热损耗，触头、母线导杆和外壳的温度快速变化。在 500A 工作电流时，因为电流数值较小，对各零

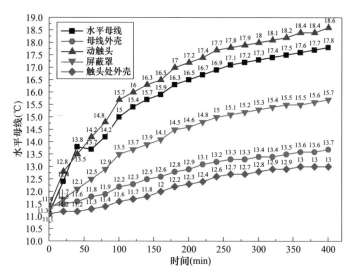

图 2-41 1500A 电流下温度随时间变化曲线

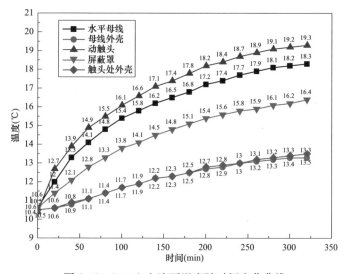

图 2-42 2000A 电流下温度随时间变化曲线

件部位的温升效果有限,在 120min 之后稳定,触头温度稍微偏高,其他基本相同。在 1000、1500、2000A 和 2500A 电流下,温升效果开始明显,各部位温度在 0~50min 时间段内上升速度最快,是由于内部导体与环境温度温差不大,导体向环境中散热较少,故急剧上升,后面随着时间推移,增长态势越来越缓慢,温度在 300min 左右达到稳定,根据温升数值从大到小排列,分别为触头、母线导杆、屏蔽罩、隔离开关外壳和母线外壳。因为隔离开关处结

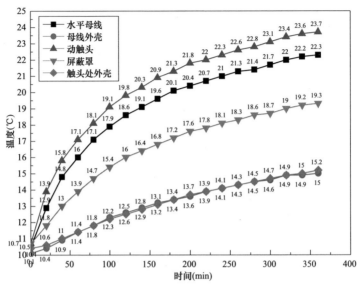

图 2-43　2500A 电流下温度随时间变化曲线

构紧凑、空间小、散热性比母线差，所以此处的触头温升和外壳温升均高于母线。

各电流下部件温度稳定时，触头、母线导杆和外壳温升对比如图 2-44 所示，在 500A 的电流时，温升基本为 0。从 1000A 电流开始，触头温升一直是最大，导杆其次，两者的温差随着电流增大不断拉大。顶部外壳的温升数值

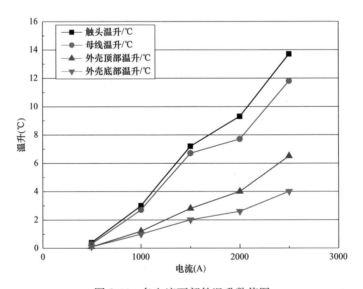

图 2-44　各电流下部件温升数值图

一直高于底部外壳，这是由于 SF$_6$ 热运动上浮传递热量所引起，与前部分仿真分析结果一致。在最大电流 2500A 下，触头温升为 14℃，母线导杆为 12℃，顶部外壳 6.2℃，底部外壳 4℃。可以发现，在正常工况下，GIS 的温升数值都比较小，设备安全可靠。

试验得到不同负载电流下触头温升与外壳顶部温升拟合关系，如图 2-45 所示。由图 2-45 可以直观地看出两者之间呈线性关系，同时温度达到稳态时，温升是随着负载电流增大而增大。从关系式上看，在测量数据范围内，当外壳顶部温度上升 1℃ 时，内部的触头温度上升约 2℃。

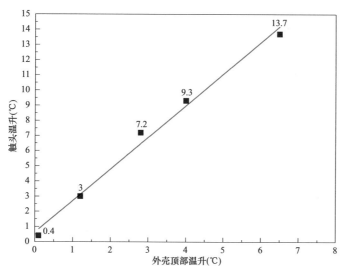

图 2-45 不同电流下触头与外壳顶部温升对应关系

2. 不同接触电阻下 GIS 隔离开关温升试验

现场通过测量试验回路的电阻间接测量 GIS 隔离开关温升。由摇杆调整隔离开关的触头间距，改变接触电阻，从而改变整个回路电阻值的方法。

经测量，当隔离开关正常工作，即触头完整插入时，整个回路电阻为 102$\mu\Omega$。试验中，保持负载电流为 2000A，通过手摇摇杆，改变回路电阻分别为 102、150、200、500、800$\mu\Omega$。测量各回路电阻下，GIS 设备各部位的稳态温升。

当负载电流为 2000A 时，不同回路电阻下，触头、顶部外壳、底部外壳随时间的温升变化曲线如图 2-46～图 2-48 所示。

从图 2-46 可以看出，通入 2000A 负载电流后，在 0～60min 时间内，由

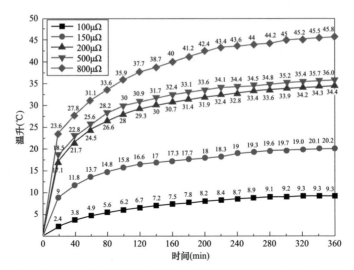

图 2-46　2000A 电流下不同回路电阻情况的触头温升变化曲线图

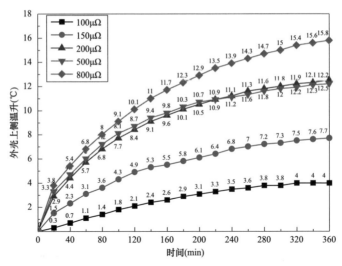

图 2-47　550kV GIS 不同电阻下隔离开关外壳上侧温升曲线图

于气体的散热过程缓慢，触头的温度急剧升高，与环境温差越来越大；从第120min 开始，随着触头温度继续升高，触头向周围 SF_6 气体散发的热量越来越多，故温度上升的速度逐渐变慢，上升趋势减缓，直到 300min 之后，发热和散热过程达到一个动态的平衡，触头的温度基本稳定。可以看出，在正常的回路电阻中，在 2000A 大电流下，触头最后的稳态温升只有 9.3℃；在800μΩ 的情况下，即接触电阻增大了约 700μΩ，触头温升到达了 46℃，已经远远大于正常情况，差不多是 5 倍的温升。在 550kV 的 GIS 正常工作状态下，

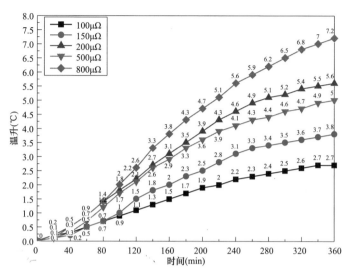

图 2-48   550kV GIS 2000A 电流不同电阻下隔离开关外壳底部温升曲线图

工作电流远大于 2000A，并且触头局部的温度会更高，这是相当危险的情况，很可能导致附近环氧树脂的软化以及绝缘结构的破坏。此处，可以看出 GIS 外壳温度在 0~120min 时间内上升较快，之后变得缓慢，在第 320min 之后达到动态稳定。同样的，回路电阻越大，顶部外壳温升越大。正常情况下，稳态温升约 4℃；在 800$\mu\Omega$ 的回路电阻下，温升达到 15.6℃，几乎是正常情况下的 4 倍。

从图 2-47 可以看出，不同回路电阻下，通入电流后 0~40min 时间段内，GIS 设备外壳底部的温升并不像顶部外壳那样快速上升，在第 40~200min 是温升最快的时间段，之后再次变缓，在第 320min 以后温升达到动态稳定。因为气体受热膨胀，是向上运动，所以 0~40min 内，在触头附近受热的 SF_6 气体向外壳顶部汇聚，而底部的外壳仍然是相对冷却的状态，热量并没有对流传导过来。40min 之后，顶部较热的 SF_6 气体逐渐向四周扩散，以及触头温度的不断上升，底部外壳的温度开始加速上升。正常情况下，温升约 2.7℃；在 800$\mu\Omega$ 的回路电阻下，温升到达 7℃。

对比图 2-46 和图 2-47，发现在相同时间点、相同回路电阻的情况下，顶部外壳的温升明显高于底部外壳温升，正常工况下高了 1.3℃，但这个温升值在实际工程中并不明显；然而在 800$\mu\Omega$ 的回路电阻下，顶部比底部高了约 8℃，在现场用红外设备探测的话，是非常明显的温差。触头的温度往往不能直接测量，外壳的温度是相对容易测量的。这在实际运行中，可作为隔离开关异常发热的一种检测方式。

触头与顶部外壳温度关系如图 2-49 所示，由图 2-49 可得，触头温升与顶部外壳温升大致呈线性关系，外壳每升高 1℃，对应内部触头温度大约升高 3.2℃。

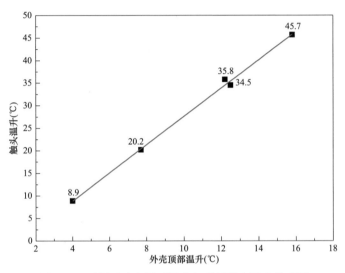

图 2-49　不同回路电阻下触头与顶部外壳温升关系图

通过对比正常工况与异常温升时顶部外壳与触头温升关系，异常温升时对应倍数增加，触头的温升更剧烈。在试验测温过程中，发现顶部外壳的温度变化范围更大，更接近内部触头温升的真实情况，因此在实际红外测量中，建议选择在隔离开关顶部外壳处测温。

3. 红外检测图像结果

本节选取部分 GIS 设备部件的红外图像数据，通过对比同一时间点热电阻测温数值，分析红外测温与接触式测温的数值差异。隔离开关异常情况下的红外图像数据如图 2-50～图 2-55 所示。

分析可得，相同时间点，红外测温得到壳体温度通常比外壳内壁的温度要低一点，特别是隔离开关附近的外壳，在触头持续升温的过程中，内外温差可能有 2～3℃。但总的趋势与传感器记录的一样，随着时间推移，外壳温度持续升高，隔离开关处明显更高，在红外图像显示中更加明亮。5～6h 后，红外测温，隔离开关与母线的外壳温度差在 3℃左右。试验过程中发现，在正

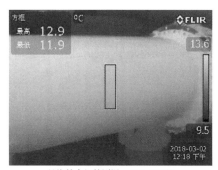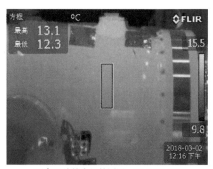

母线外壳红外测温：11.9~12.9℃
传感器记录温度：13.1℃

隔离开关外壳红外测温：12.3~13.1℃
传感器记录温度：15.1℃

图 2-50　150μΩ 回路电阻第 120min 红外图像

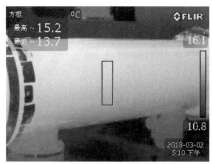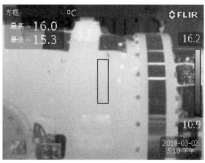

母线外壳红外测温：13.7~15.2℃
传感器记录温度：15.5℃

隔离开关外壳红外测温：15.3~16.0℃
传感器记录温度：17.9℃

图 2-51　150μΩ 回路电阻第 360min 红外图像

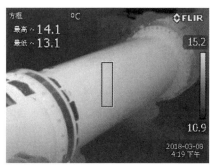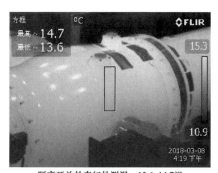

母线外壳红外测温：13.1~14.1℃
传感器记录温度：13.9℃

隔离开关外壳红外测温：13.6~14.7℃
传感器记录温度：18.2℃

图 2-52　500μΩ 回路电阻第 60min 红外图像

常工况时，GIS 外壳温升基本不会超过 5℃；在异常发热的情况下，内部电阻增大，导体发热剧烈，外壳温升通常能轻易超过 5℃，并以顶部外壳温度最具代表性。试验总结，将外壳温升是否超过 5℃ 列为判断 GIS 异常温升的判据之一。

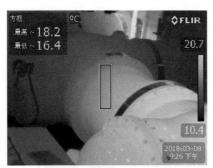
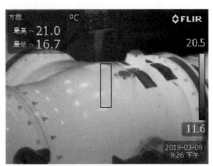

母线外壳红外测温：16.4~18.2℃
传感器记录温度：19.1℃

隔离开关外壳红外测温：16.7~21.0℃
传感器记录温度：24.4℃

图 2-53　500μΩ 回路电阻第 360min 红外图像

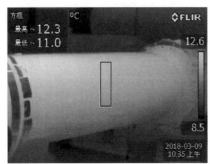
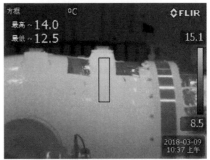

母线外壳红外测温：11.0~12.3℃
传感器记录温度：12.3℃

隔离开关外壳红外测温：12.5~14.0℃
传感器记录温度：17.0℃

图 2-54　800μΩ 回路电阻第 60min 红外图像

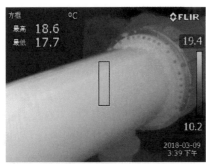
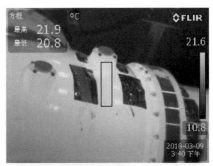

母线外壳红外测温：17.7~18.6℃
传感器记录温度：19.2℃

隔离开关外壳红外测温：20.8~21.9℃
传感器记录温度：26.0℃

图 2-55　800μΩ 回路电阻第 360min 红外图像

三、GIS 内部温升与壳体温升函数关系

　　针对不同电压等级的 GIS 设备，通过 ANSYS Workbench 仿真软件，考虑风速与环境温度的影响，总结出通过壳体温度推算内部导杆温度的经验公

式，即

110kV GIS： $T=(5.831+0.136 \times v^{1.757}) \times \Delta T+T_{amb}$ (2-3)

220kV GIS： $T=(5.879+0.165 \times v^{1.872}) \times \Delta T+T_{amb}$ (2-4)

330kV GIS： $T=(5.550+0.312 \times v^{1.376}) \times \Delta T+T_{amb}$ (2-5)

550kV GIS： $T=(4.033+0.062 \times v^{1.6354}) \times \Delta T+T_{amb}$ (2-6)

750kV GIS： $T=(5.448+0.161 \times v^{1.435}) \times \Delta T+T_{amb}$ (2-7)

式中：T 为内部导杆温度数值，℃；v 为外部环境的风速，m/s；ΔT 为表面壳体最大温升数值，℃；T_{amb} 为外部环境温度，℃。

四、现场红外检测与诊断

现场 GIS 红外检测采用如下步骤：

（1）现场 GIS 运行环境满足要求，环境温度在 $-10 \sim 50$℃，天气以阴天、多云为宜，避免阳光直射或室内灯光直射。并记录测量当天的环境数据。

（2）红外热像仪使用前进行校准。检测人员对 GIS 设备目标部位进行全面扫描，发现热成像异常部位，然后对异常部位和重点被检测设备进行详细测温并拍摄。

（3）将红外图像数据导入 GIS 红外图像处理诊断系统中，判断是否存在异常发热。保存异常发热区域图像，形成数据库，标记设备缺陷区域。

（4）通过红外测温数据推算内部导体温度。查找 GIS 红外检测图谱，判断设备热缺陷性质，并根据缺陷性质及时采取处理措施，确保设备安全。

（5）定期对 GIS 设备标记区域进行巡检，确保设备正常运行。

壳体局部温差：同一部位的壳体，壳体表面最高温度和最低温度的差值。通常表现为顶部外壳和底部外壳的温度差值。

根据测得的壳体表面温度值，参考 GB/T 11022—2011《高压开关设备和控制设备标准的共用技术》的相关规定，定义设备缺陷的性质。

（1）紧急热缺陷（Ⅰ）：壳体表面温升超过 15K，或壳体局部温差超过 9K。

（2）严重热缺陷（Ⅱ）：壳体表面温升超过 10K，或壳体局部温差超过 6K。

（3）一般热隐患（Ⅲ）：壳体表面温升超过 5K，或壳体局部温差超过 3K。

（4）当壳体表面温升小于 5K，或壳体局部温差小于 3K，可认为设备正常运行发热，并注意不定期监测。

—— 第三节 ——

GIS 异常温升红外检测及图像处理技术

一、红外图像处理算法

根据现场采集到的运行时 GIS 红外图像，采用 MATLAB，依次对红外图像进行图像预处理、图像分割和特征区域提取，检测识别设备被拍摄部位是否存在异常发热，并提取异常发热部位。

(一) 红外图像预处理

现场得到的红外热图像普遍存在目标与背景对比度差、图像边缘模糊、噪声较大等缺点，而 GIS 设备红外图像是否清晰、细节部位是否保留完整是正确检测异常温升的关键。在红外图像的生成过程中，采集红外辐射时受到各种电子器件和探测器噪声的影响，有着高噪声、低对比度的特点，部分图像细节和特征被噪声掩盖，造成图像退化，直接影响后续图像的分割、特征提取和判断的准确性。特别是部分红外热像仪自带温度数值显示功能，以及显示拍摄时刻的环境参量，这些字幕都对图像中设备的识别产生了干扰。

MATLAB 中的 imopen 函数，可以对灰度图像执行形态学开运算，即使用同样的结构元素先对图像进行腐蚀操作，然后再进行膨胀操。

形态学开运算的作用是对象的轮廓变得更加平滑，断开狭窄的间断和消除细小的突出物。腐蚀操作是将图像的边缘腐蚀掉，即剔除目标边缘的"毛刺"。膨胀操作是将图像的边缘扩大，作用是将目标的边缘或者是内部的空缺填补，消弥细长的鸿沟。

首先，读取红外图像为 RGB 图片，如图 2-56 所示。

然后，将 RGB 图片转化为二值的灰度图片，图片中各像素点的灰度，根据原图像中的亮度进行取值，按 0～255 的数值分布，如图 2-57 所示。

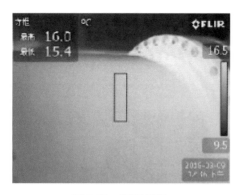

图 2-56 RGB 图片

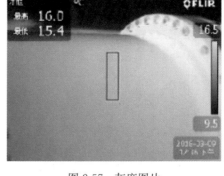

图 2-57 灰度图片

利用 imopen 函数，对灰度图像进行形态学开运算，使得图像中的目标轮廓更加平滑，最重要的是，去除了相关字幕的影响，对后续目标的处理更加方便。其处理结果如图 2-58 所示。

从图 2-58 可以看出，图像中只剩下 GIS 壳体，预处理后的图像，每个像素点的灰度值根据原图像中各点的温度值确定，即图像的亮度。预处理后，方便进行下一步图像分割。

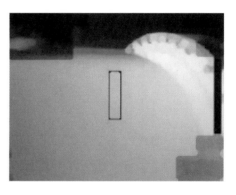

图 2-58 预处理图片

（二）红外图像分割

预处理过后的灰度图像，保留了红外图像的主要特征。对于判断是否存在高温区域，则需要选取相应的阈值，将图像进行分割，进而对需要的特征区域进行分别和提取。

计算相应阈值，调用 im2bw 函数，将灰度图像处理为二值图像。所谓二值图像，即根据所选择的阈值，小于阈值的像素点数值变为 0，显示成黑色，大于等于阈值的像素点数值变为 1，显示为白色，整张图即显示为黑白两色，如图 2-59 和图 2-60 所示。

分割后图像只有黑白两色，对应的数值为 1 或 0，整个图像转变为二维数组的形式，方便后续操作处理。

利用 hist 函数，绘制特定区域的直方图，就可以有效获得目标区域的面积比例数值，作为特征量之一，其效果如图 2-61 所示。

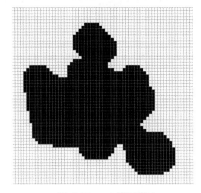

图 2-59　二值图像

1	1	1	1	1	1	1	1
1	1	1	1	1	1	1	1
0	0	0	0	1	1	1	1
0	0	0	0	0	1	1	1
0	0	0	0	0	0	1	1
0	0	0	0	0	0	0	1

图 2-60　像素点具体数值

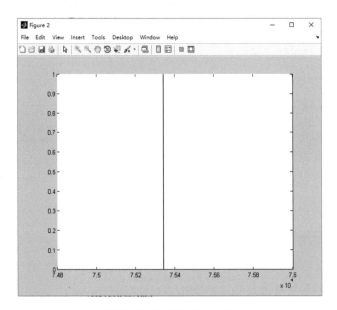

图 2-61　区域占比直方图

（三）红外图像特征区域提取

分割后的图像，根据阈值，划分为高温区域与低温区域。将高温区域列为数值 0，即黑色；低温区域列为数值 1，为白色。通过循环语句，对图像二维数组中的黑色区域进行面积计算，得到目标区域占比，具体效果如图 2-62 所示。

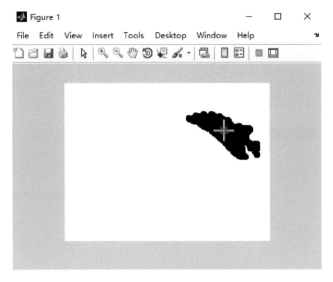

图 2-62 提取特征区域

将目标区域形成新的二维数组，导入到原图像中的二维数组，替换掉同一像素点的数值，则初步完成了红外图像的处理，从而提取到了高温区域，在原图像上进行合成，形成处理后的图像，效果如图 2-63 所示。

综上所述，这个算法的基本思路如图 2-64 所示。最后针对图像数

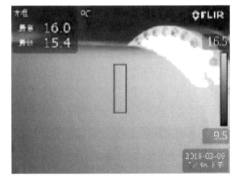

图 2-63 处理后的红外图像

据，标记异常发热区域，并根据设备局部区域温度与外界环境温度的温度关系，判断是否存在异常发热。

图 2-64 思路框图

二、红外图像处理软件使用介绍

基于 MATLAB GUI 平台编写，使用时将红外热成像仪拍摄的红外图像

导入电脑，再利用本软件读取分析即可，可为现场人员判断放电情况提供一定的参考，下面详细介绍本软件。

打开 MATLAB 软件，在菜单栏选择"打开"（见图 2-65）。选择红外图像处理软件的 .m 文件（见图 2-66），并打开。

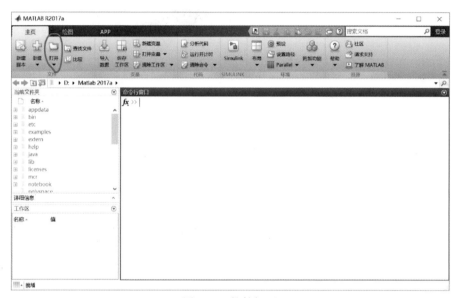

图 2-65　软件打开

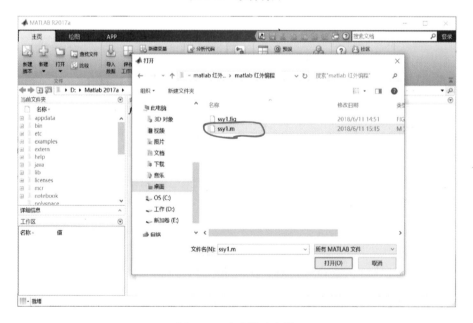

图 2-66　选取算法文件

在 MATLAB 右侧的编辑框内，会显示软件的源代码。点击菜单栏上的"运行"（见图 2-67），则进入红外图像处理软件的主界面。

软件主界面如图 2-68 所示，菜单栏上有"文件"和"红外图像处理"两个选项；中心界面包含两个坐标区域，左侧用于显示原图像，右侧显示处理

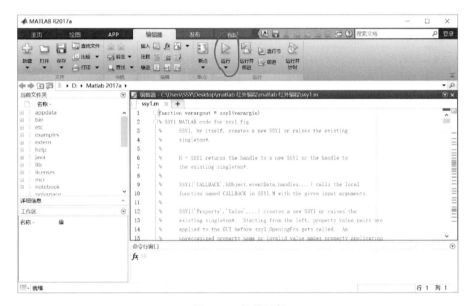

图 2-67　软件运行

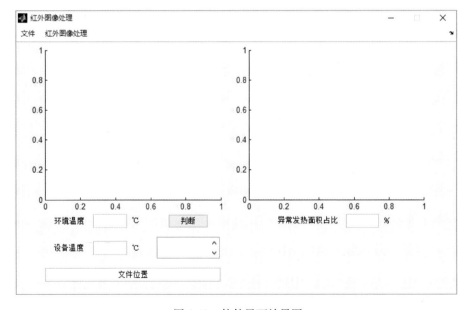

图 2-68　软件界面效果图

后的图像；下方有输入栏，方便工程师手动输入环境温度与设备温度，用于
判断异常发热；右下方输出栏用于显示异常发热面积占设备总面积百分比。

　　点击主界面菜单栏的"文件"，选择"打开"一项（见图 2-69），在电脑
中寻找目标图像文件（见图 2-70）。

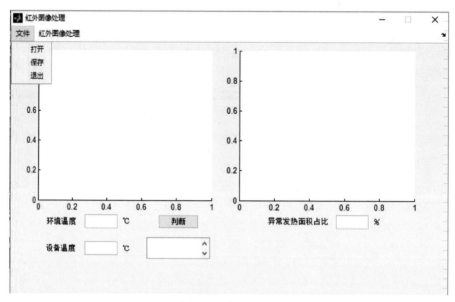

图 2-69　打开文件

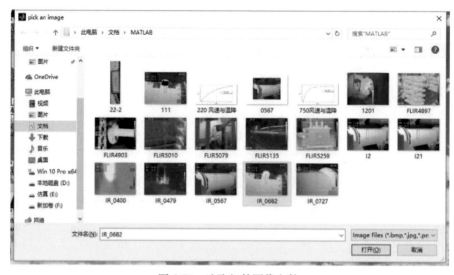

图 2-70　选取红外图像文件

　　选择打开图像文件后，主界面左侧坐标区域则会显示被选的红外图像，

左侧最下方输出栏显示的是文件的位置（见图 2-71）。

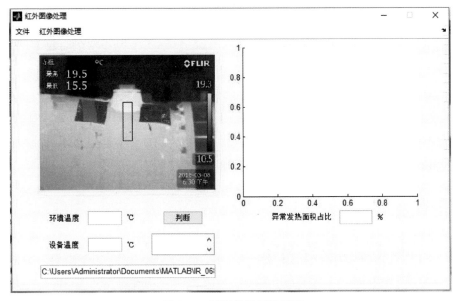

图 2-71　原图像显示效果图

根据红外图像文件中的数据信息，在下方输入栏中，分别手动输入环境温度和设备温度。环境温度是图像右侧温度条中的最低温，设备温度选择的是图像左侧显示的"最高"温度（见图 2-72）。

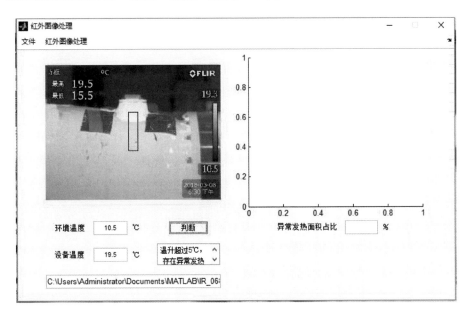

图 2-72　判断异常发热

温度输入完成后，点击"判断"按钮。根据前面内容中试验数据总结规律，当两者温差超过 5℃，存在异常发热，右边文本框会显示"温升超过 5℃，存在异常发热"；如果温差未超过 5℃，右边文本框会显示"设备正常发热"。

在上一步过程中，如果判断为"存在异常发热"，则在菜单栏中，点击"红外图像处理"，选择"提取异常发热"。界面右侧坐标中区域会显示处理后的红外图像，异常发热区域会被标成黑色；右下方的文本框会显示异常发热部位面积占设备总面积的百分比（见图 2-73）。

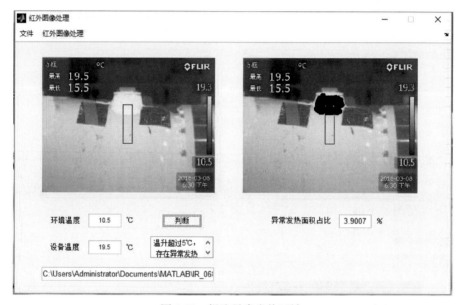

图 2-73　提取异常发热区域

对经过处理后的红外图像进行保存，方便于记录设备异常发热的区域，更便于之后的分析。点击菜单栏上"文件"选项，选择"保存"，选择需要保存的位置，并命名，最后点击"保存"即完成（见图 2-74）。

打开保存的文件，就可以查看之前处理过的红外图像，用于建立红外数据库并分析，见图 2-75。

三、红外图像处理软件的现场应用

以下举例说明，使用现场各变电站收集的 GIS 红外图像数据，导入红外

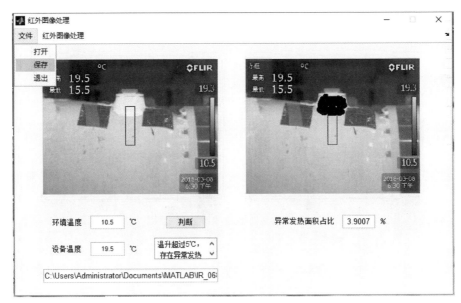

图 2-74　保存处理的红外图像

图像软件中进行处理，分析各 GIS 的运行状况并判断是否存在异常温升。

2018 年 3 月 28 日，某±660kV 换流站设备区Ⅰ母电压互感器疑似异常，站内人员持红外热像仪进行拍摄，得到如图 2-76 所示图片。

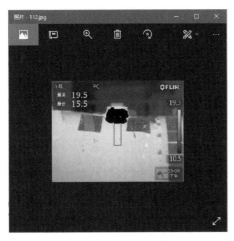

图 2-75　打开处理过的
红外图像

图 2-76　660kV 设备区Ⅰ母电压
互感器红外热像图

将红外图像导入到软件中处理，得到如图 2-77 所示结果。A 相电压互感器局部温升超过 5℃，存在异常发热。发热面积主要存在于与套管相连的罐体，相比较 B、C 相，其温升数值高得多，存在隐患，影响设备正常运行，需及时排查。

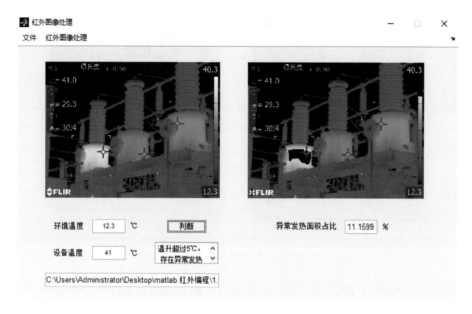

图 2-77　电压互感器红外热像图软件处理结果

2015 年 6 月 22 日，检测人员对某 330kV 变电站 110kV GIS 进行红外成像检测时，发现 110kV GIS 出线套管气室存在发热点，拍摄红外图像如图 2-78 所示。

图 2-78　110kV GIS 出线套管气室红外热像图

将红外图像导入到软件中处理，得到如图 2-79 所示结果。气室表面温升超过 6℃，达到了异常温升的数值标准，软件判定存在异常，发热面积占比约 4.15％。现场人员通过超声波局部放电检测与设备内部电气结构布置进行诊断分析，判断该站 110kV GIS 出线套管气室内部导电杆连接部位接触不良，引起导流回路接触电阻增大，当负荷电流增大时，导致缺陷部位温度迅速升高。两项检测结果相吻合。

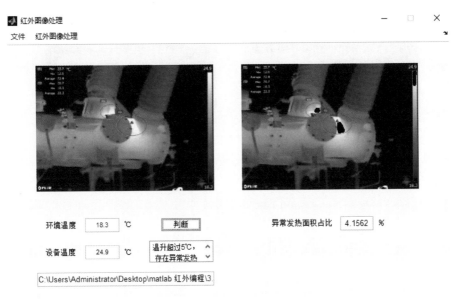

图 2-79　GIS 出线套管气室红外热像图软件处理结果

2017 年 6 月 13 日，检测人员对某 750kV 变电站进行一次设备带电检测，在高压电抗器套管处发现疑似发热点，拍摄红外图像如图 2-80 所示。

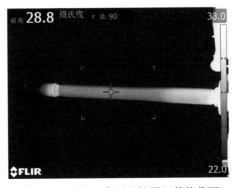

图 2-80　750kV 高压电抗器红外热像图

将红外图像导入到软件中处理，得到如图 2-81 所示结果。经软件分析，套管处温升为 6.8℃，且底部发热面积较大，判断为异常温升，需现场人员及时进行排查。

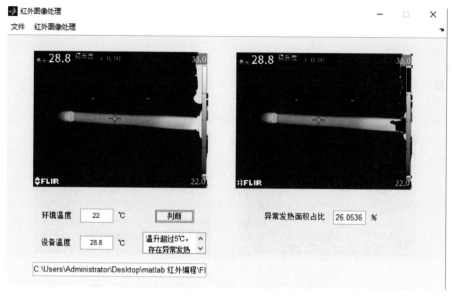

图 2-81　高压电抗器红外热像图软件处理结果

第三章

基于电-光测量的GIS
局部放电检测

第一节

GIS 局部放电荧光光纤-特高频
复合传感器及检测系统

一、特高频、荧光光纤传感器部件选型

特高频内置传感器种类较多，其在各个性能参数方面侧重各有不同，根据上一章中对不同特高频传感器的检测原理和物理结构分析，可以获得典型内置传感器性能如表 3-1 所示。从表中可以看出，圆盘形传感器的各项性能都比较优异，综合性能高，同时相比于其他的传感器，圆盘形传感器加工方便，结构简单。所以选择圆盘形传感器和光学传感器相结合研制特高频-光脉冲一体化传感器，具体使用的平板型特高频传感器物理尺寸设计通过仿真获得。

表 3-1　　　　　　　　　　几种典型内置传感器性能比较

传感器类型	圆盘	半圆偶极子	偶极子	对数周期	平面等角螺旋
形状					
灵敏度	优	优	优	优	优
检测带宽	良	优	中	优	优
方向性	优	良	良	良	良
尺寸大小	良	良	良	中	中
装配性	优	良	中	中	中
安全性	优	良	中	中	中
综合评价	优	优	中	中	中

圆盘形传感器可视为一种圆形微带天线，因此可以采用微带天线理论对圆盘形传感器进行分析。设圆形微带天线中圆形贴片计入边缘效应后的等效半径为 a，用模展开法求解空腔内场，其本征函数和本征值方程为

$$\psi_{mn} = C_{mn}J(k_{mn}\rho)\cos m\varphi \tag{3-1}$$

$$J'_m(k_{mn}a) = 0 \tag{3-2}$$

式中：ψ_{mn} 为本征函数；k_{mn} 为本征值；ρ 为自函数；$J'_m(x)$ 为第一类 m 阶 Bessel 函数 $J_m(x)$ 的导数；m 表示场沿方位角 φ 的变化次数；n 表示场沿径向的变化次数。

由式（3-2）可知

$$k_{mn} = \frac{\chi'_{mn}}{a} \tag{3-3}$$

式中：χ'_{mn} 是 $J'_m(x)$ 的第 n 个零点。

圆形微带天线 TM_{mn} 模的谐振频率为

$$f_{mn} = \frac{c\chi'_{mn}}{2\pi a \sqrt{\epsilon_r}} \tag{3-4}$$

a 与物理半径 a' 的关系为

$$a = a'\left[1 + \frac{2h}{\pi a' \epsilon_r}\left(\ln\frac{\pi a'}{2h} + 1.7726\right)\right]^{\frac{1}{2}} \tag{3-5}$$

由式（3-4）可知，圆盘形传感器各模式的谐振频率主要由传感器半径和介质层的介电常数决定，传感器半径、介电常数越大，各模式的谐振频率越低。同时，由式（3-5）可知，介质层的高度越大，传感器的有效尺寸就越大，因而此时各模式的谐振频率越低。影响内置特高频传感器性能的主要参数为上电极半径和介质层厚度及介质层介电常数。

为设计制作圆盘形传感器，针对影响传感器性能的传感器半径、介质层厚度等参数进行仿真计算，进一步指导传感器的制作。

设置传感器介质层厚度为 25mm，相对介电常数为 2.55（聚四氟乙烯）。圆盘半径从 50mm 开始，等间隔每次增加 50mm，一直到 200mm。计算上电极半径对圆盘形传感器电压驻波比（VSWR），输入阻抗实部、输入阻抗虚部及增益的影响。仿真计算结果如图 3-1 所示。

仿真结果表明，随着传感器半径增大，传感器各项性能参数极值逐步向低频移动。传感器半径越大，各模式的谐振频率越低，低频性能越好。在制作传感器时，还需要考虑 GIS 电压等级及尺寸、生产厂家在 GIS 设备上预留的安装窗尺寸，以此来确定传感器的圆盘半径。

设定圆盘形传感器半径为 75mm，介质层半径为 75mm，介质层厚度从

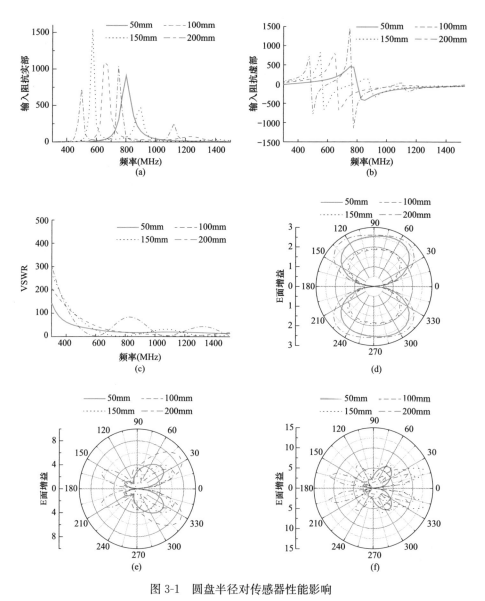

图 3-1　圆盘半径对传感器性能影响

（a）输入阻抗实部；（b）输入阻抗虚部；（c）电压驻波比；（d）500MHz 时电场增益；

（e）1000MHz 时电场增益；（f）1500MHz 时电场增益

20mm 开始，等间隔每次增加 10mm，至 50mm 为止，介质层相对介电常数为 2.55。计算介质层厚度对圆盘形传感器电压驻波比（VSWR），输入阻抗实部、输入阻抗虚部及增益的影响。仿真计算结果如图 3-2 所示。

仿真结果表明，介质层厚度增加，传感器低频性能越好，与理论分析一致。当传感器介质层厚度越大时，安装于 GIS 上后，传感器离高压导杆距离

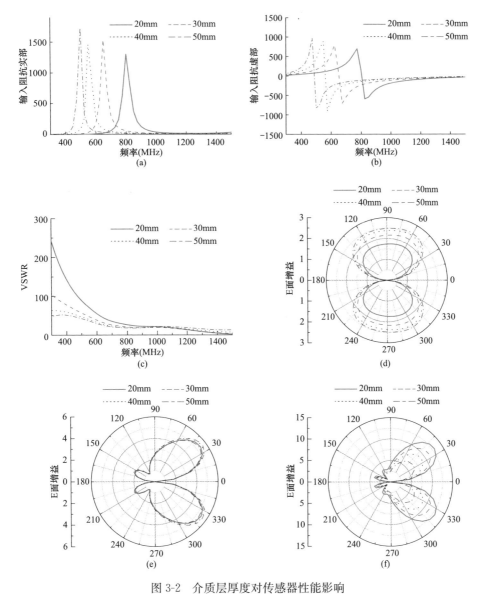

图 3-2　介质层厚度对传感器性能影响

（a）输入阻抗实部；（b）输入阻抗虚部；（c）电压驻波比；（d）500MHz 时电场增益；

（e）1000MHz 时电场增益；（f）1500MHz 时电场增益

越近，对电场的影响越大。因此，在不影响 GIS 内部电场的情况下，介质层厚度应尽可能大，从而提高传感器对于电磁波信号的检测能力

　　荧光光纤作为局部放电检测系统的前端探头，主要检测局部放电产生的光信号。但是，荧光光纤具有一定的激发光谱，即一种荧光光纤只能检测一

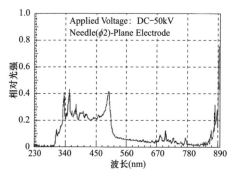

图 3-3 典型 SF_6 局部放电光学
信号光谱分布范围

定波长范围的光信号，所以荧光光纤的激发光谱与局部放电光信号的光谱应尽量匹配。

SF_6 中局部放电产生的光信号，其波长主要分布在 300～500nm 范围内，如图 3-3 所示，这一范围是比较适合荧光光纤进行检测的。所以，应该选择激发光谱范围为 300～500nm 的荧光光纤作为检测 GIS 内部局部放电光电信号的探头，对局部放电信号进行检测。

选择荧光光纤激发光谱范围为 300～500nm，呈黄绿色，其发射光谱范围为 492～577nm，荧光量子产率为 0.7，直径为 1mm。该荧光光纤为塑料光纤，由高折射率的聚合物材料为纤芯和低折射率的聚合物材料为包层所构成。塑料光纤纤芯的材料一般为聚苯乙烯（polystyrene，PS）和聚甲基丙烯酸甲酯（polymethyl methacrylate，PMMA），此处选择损耗相对更小的 PMMA 型塑料光纤作为研究对象。相比于普通的石英光纤，塑料光纤具有柔软性高、纤芯直径大的优点，更高的柔软性有利于荧光光纤在 GIS 内部的安装，更大的纤芯直径提高了荧光光纤的检测灵敏度，同时易于和传输光纤连接。

因为荧光光纤选用了直径为 1mm 的塑料光纤，为了减少不同光纤之间传输光信号时的损耗，选择相同类型的塑料光纤作为传输光纤，光纤直径同样为 1mm，该塑料光纤和荧光光纤的衰减相同，都是 0.3dB/m。

传输光纤将光信号传输至光电转换装置，光电转换装置可以将光信号转换成电信号，然后进行进一步的检测和分析。常见的光电转换装置有光电导探测器、光电三极管、雪崩光电二极管以及光电倍增管。由于局部放电产生的光信号比较弱，所以，选择灵敏度最高，更适合检测弱光信号的光电倍增管作为光电转换装置来进行局部放电的检测。

由于选择的荧光光纤的发射光谱范围为 492～577nm，为了更有效地检测局部放电信号，光电倍增管的波长检测范围应该包含荧光光纤的发射光谱范围。此处选用的光电倍增管检测范围为 230～870nm，峰值波长为 500nm。

由于荧光光纤的长度与接收光信号的能力成正比，即荧光光纤越长，接收局部放电光信号的表面积越大，受激产生的荧光分子也就越多，灵敏度也就越高。然而，荧光信号在沿着光纤传输时，光强会随着荧光光纤长度而衰减。

定义由于损耗引起的功率衰减为

$$A(\lambda) = \alpha(\lambda) \cdot L = -10 \lg(P_0/P_i) \tag{3-6}$$

式中：$\alpha(\lambda)$ 为衰减系数；L 为荧光光纤长度；P_0 为输出功率，P_i 为输入功率。定义传输效率为

$$\eta = P_0/P_i \tag{3-7}$$

在衰减系数 $\alpha(\lambda)$ 为 0.3dB/m 时，荧光光纤长度与传输效率之间的关系如图 3-4 所示。

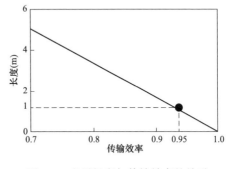

图 3-4　光纤长度与传输效率的关系

由图 3-4 可以看出，传输效率与荧光光纤长度成反比，荧光光纤越长，传输效率越低。当荧光光纤长度小于 1m 时，传输效率大于 95％。因此在尽可能提高使用光纤检测信号有效性的前提下，选择荧光光纤的长度为 1m。

二、特高频-荧光光纤复合传感器结构设计方案

本书介绍的特高频、光学复合传感器基于圆盘式特高频传感器进行设计。圆盘形传感器主要由圆盘形贴片天线（上极板）、馈电杆及金属底板（兼作安装密封板）三部分构成。传感器通过专门的安装窗口伸入 GIS 腔体中，用于接收由局部放电激励的电磁波信号。馈电杆与传感器信号连接线（高频同轴线）的内芯相接，作为传感器信号输出的正极，信号连接线的屏蔽层与 GIS 外壳相接，作为信号输出的接地端。圆盘形特高频内置传感器结构示意图如图 3-5 所示。

如图 3-5 所示，圆盘形特高频内置传感器通过在上极板和聚四氟乙烯介质层、介质层和金属底板之间布置 O 形圈，实现了对 SF_6 气体的密封。将荧光光纤设置于内置传感器的上极板，并通过特制的透光且具有密封性能的光纤接头从金属底板引出，如图 3-6 所示，接头的内部布置有一直径和荧光光纤相等的光纤以及透光率超过 98％的 UV 胶，在不影响光线透过的前提下实现了

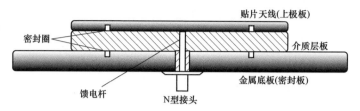

图 3-5　圆盘形特高频内置传感器结构示意图

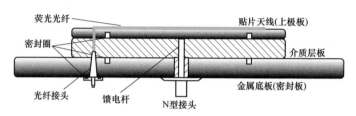

图 3-6　荧光光纤传感器结构示意图

图 3-7　荧光光纤布置示意图

对 SF_6 气体的密封作用。

塑料荧光光纤具有很好的柔韧性。实验表明，塑料光纤曲率半径大于塑料光纤直径的 3 倍时，透过率仍无大的变化。所以，为了增加荧光光纤的长度，提高荧光光纤的长度，将荧光光纤按照阿基米德螺旋线布置在内置特高频传感器的上极板上，如图 3-7 所示，其中荧光光纤一半嵌入至上极板中。

通过上述方案设计的传感器在理论上能够有效保证 GIS 内置式传感器的气密性，然而安装在 GIS 内部的传感器除了需要具有良好的气密性外，还不能造成设备内部电场畸变、引起局部电场集中，同时荧光光纤表面电场值应低于其沿面闪络电场，从而保证安全运行。内置特高频传感器不会引起 GIS 内部电场的畸变，但一体化传感器对 GIS 内部电场分布的影响需要进一步确定，针对于此，利用 COMSOL Multiphysics® 进行了仿真研究。

仿真模型根据 252kV 实体 GIS 尺寸建立，根据 GIS 的特高频安装窗口设计了一体化传感器。仿真模型如图 3-8 所示，GIS 导杆外径和外壳内径分别为 90mm 和 380mm，GIS 安装窗的内径为 150mm，深 50mm。仿真时在安装窗口装配平板型内置特高频传感器和一体化传感器进行对比研究。

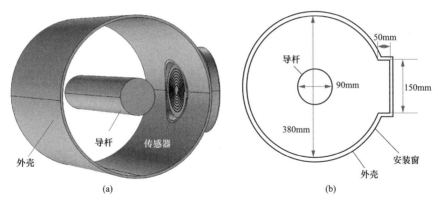

(a)   (b)

图 3-8　电场仿真模型

（a）仿真模型示意图；（b）仿真模型尺寸图

仿真模型中的所有金属部件采用铝材料，GIS 内部充有 SF_6 气体。特高频传感器的介质层为聚四氟乙烯材质。由于荧光光纤主要由聚甲基丙烯酸甲酯（PMMA）制成，所以仿真中一体化传感器中的荧光光纤选用 PMMA 材料，相对介电常数为 3.7。仿真中主要研究 GIS 内部电场的分布，所以主要考虑工频运行电压下 GIS 内部出现的最大电场，仿真为非时变的。

在导杆上施加运行时工频电压的最大值 208kV，得到的 GIS 内部电场分布如图 3-9 所示。结果表明安装特高频传感器和一体化传感器的情况下，GIS 内部电场分布相同，最大电场值为 3.23kV/mm。两种不同传感器表面处电场分布如图 3-10 所示。特高频传感器表面最大的电场出现在传感器边界处，最大值为 1.12kV/mm，如图 3-10（a）所示。对于一体化传感器，由于制作荧

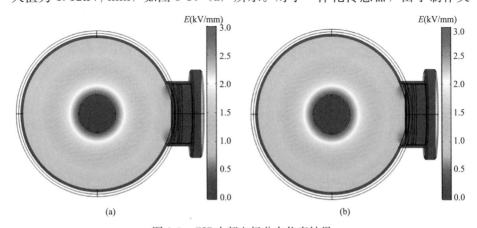

(a)   (b)

图 3-9　GIS 内部电场分布仿真结果

（a）安装特高频传感器；（b）安装一体化传感器

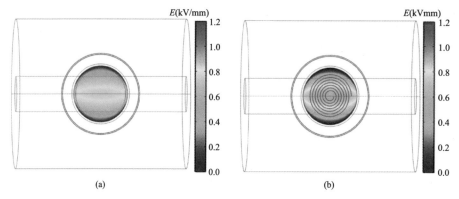

图 3-10 传感器表面处电场分布仿真结果

(a) 特高频传感器表面处；（b）一体化传感器表面处

光光纤的 PMMA 材质的相对介电常数为 3.7，大于 SF_6 气体的介电常数，而多层介质中的电场强度和介电常数成反比，所以在一体化传感器表面处的气体中电场强度略有增加，如图 3-10（b）所示。由于荧光光纤介电常数较大，表面电场明显减小，为 0.2kV/mm，所以在正常运行情况下不会发生沿面闪络。对比一体化传感器和特高频传感器情况下的表面最大电场值，两者差别不大，为 1.11kV/mm。

研制的特高频-光纤一体化传感器在保证良好气密性和不引起电场畸变的基础上，还应具有良好的检测性能，包括特高频信号检测性能和光信号检测性能。为了保证一体化传感器的光信号检测能力，传感器应尽可能深入安装窗口，所以传感器的上表面和外壳内表面相齐平，从而减少了光信号的遮挡。

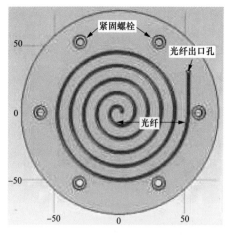

图 3-11 布线后的上电极

但是在特高频传感器表面耦合荧光光纤传感器时，需要在平板型天线的表面刻槽，这是否对传感器的性能带来影响，需要进行进一步研究。

利用仿真软件建立模型如图 3-11 所示，在圆盘形传感器的上电极刻槽，将荧光光纤布在上电极槽内。

仿真计算光纤长度对传感器性能的影响。设置圆盘形传感器半径为 75mm，介质层高 30mm，上电极高

20mm，材质为铝。改变上电极表面传感器光纤长度，分别设置光纤长度为0、200、400、600、800mm和1000mm。仿真计算结果如图3-12和图3-13所示。

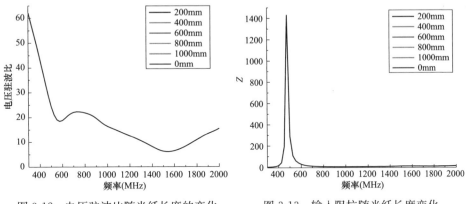

图 3-12　电压驻波比随光纤长度的变化　　图 3-13　输入阻抗随光纤长度变化

从图3-12可以看出，在布线长度从0mm变化到1000mm时，传感器VSWR和Z参数一致。考虑荧光光纤的衰减特性，一般布线长度不超过1000mm，所以在此范围内，可以认为光纤布线对传感器性能无影响。由VSWR参数可以看出，当频率为1000～1500MHz时，传感器驻波比较小，性能较好。由Z参数可以看出，当频率小于600MHz时，输入阻抗较大，并且在频率为500MHz时，出现了极值为1450Ω。当频率大于600MHz时，传感器与外界匹配较佳。

对于局部放电特高频传感器，除了以上各参数，其最重要的性能表征参数为等效高度，即灵敏度。等效高度是衡量传感器检测局部放电信号能力的重要指标。特高频传感器接收局部放电产生的电磁波信号并转化为电压信号输出到检测装置。传感器的灵敏度通过幅频响应特性来衡量。传感器的幅频响应$H_e(f)$定义为传感器输出电压$U(f)$与入射场强$E(f)$（垂直于传感器平面）的比值，单位为m，即

$$H_e(f) = \frac{U(f)}{E(f)} \tag{3-8}$$

横电磁波（transverse electromagnetic，TEM）小室是测量特高频传感器等效高度的工具之一，其测量原理图如图3-14所示。扫频电源在TEM小室电极两端施加电压信号，从而在其内部空间产生频率变化的均匀电场$E(f)$，

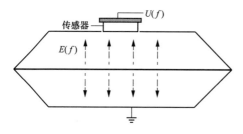

图 3-14　采用 TEM 小室测量特高频
传感器等效高度原理图

测量传感器输出电压值 $U(f)$，进一步计算得到传感器的等效高度。

根据 TEM 小室的检测原理，利用 CST STUDIO SUITE ® 仿真研究了荧光光纤对特高频传感器性能的影响。局部放电特高频传感器等效高度仿真模型如图 3-15 所示，在一个矩形 TEM 波导系统中的外壁上开一个直径与金属底板直径相同的测试窗口，并将传感器安装其中，如图 3-15（a）所示。

在该波导系统中，中间金属隔板及波导壁均为均匀平面，根据电磁学理论可知，金属隔板与波导下壁之间的电场近似均匀分布，因此在测量传感器灵敏度时可以得到更准确的结果。在中间隔板和矩形波导的外壳之间施加脉冲电压，从而在波导系统中激发出宽频电场。矩形波导尺寸为 500mm×400mm×300mm，平板型特高频传感器直径 150mm，介质层厚度为 30mm，平板型天线厚 20mm，金属底板直径为 300mm，模型尺寸如图 3-15（b）所示。分别对一体化传感器和平板型特高频传感器的等效高度进行仿真计算。

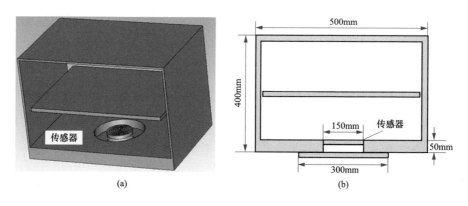

(a)　　　　　　　　　　　(b)

图 3-15　特高频传感器等效高度仿真模型
（a）仿真模型示意图；（b）仿真模型尺寸

仿真时输入电压信号为脉冲信号，时域波形如图 3-16（a）所示，波前时间为 0.5ns。脉冲信号包含的频率范围主要分布在 0～3GHz，如图 3-16（b）所示。

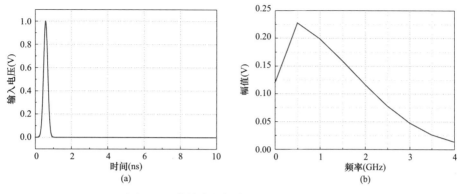

图 3-16 等效高度仿真输入脉冲激励波形

(a) 时域波形；(b) 频域波形

输入的脉冲电压在传感器处激发的电场强度波形如图 3-17 (a) 所示，一体化传感器测量得到的电压信号如图 3-17 (b) 所示。

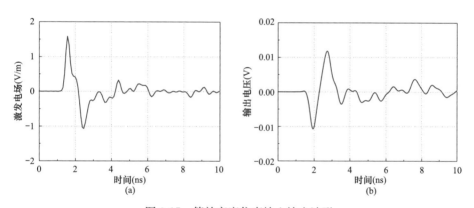

图 3-17 等效高度仿真输入输出波形

(a) 激发电场波形；(b) 输出电压波形

利用仿真得到的激发电场和输出电压结果的频域结果进行计算，得到两种传感器的等效高度，如图 3-18 所示。

从图 3-18 可以看出，无论是特高频传感器还是一体化传感器，在 300～1200MHz 具有较好的频率响应，等效高度大于 10mm，频率大于 1200MHz 时，等效高度出现了较大的振荡。两者的等效高度基本相同，所以荧光光纤传感器对于特高频传感器的等效高度没有影响，设计的特高频一光脉冲一体化传感器具有较好的特高频检测性能。

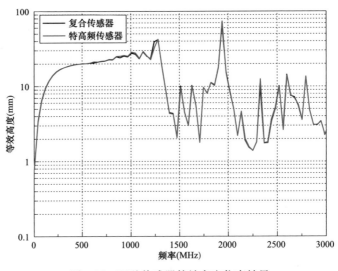

图 3-18 两种传感器等效高度仿真结果

三、特高频-光学复合传感器制作与检测系统

依据以上传感器结构设计，依照实体 GIS 上特高频传感器安装窗尺寸制作了特高频-光纤一体化传感器。传感器密封板直径为 288mm；平板型天线直径为 150mm，厚度为 20mm；介质层采用聚四氟乙烯材料制成，直径与平板型天线直径相同，厚度为 30mm。

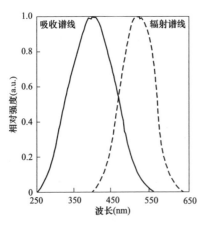

荧光光纤按照间隔为 7mm 的螺旋形状布置，最外圆直径为 110mm，荧光光纤总长度为 1.22m。馈电杆与 N 型特高频接头的芯子相连接，荧光光纤信号通过光纤接头输出。

利用荧光光纤检测 GIS 中局部放电时，荧光光纤的吸收光谱应和 GIS 中局部放电的光谱相一致。GIS 中局部放电中产生的光信号主要分布在 300～500nm 范围内，所以选用的荧光光纤的激发光谱为 300～500nm，相应的发射光谱为 422～605nm，如图 3-19 所示。

图 3-19 荧光光纤吸收和辐射光谱

荧光光纤为黄绿色，荧光量子产率为 0.7。综合考虑光纤的感光面积和光纤布置的难易程度，选用了感光面大、容易盘绕，直径为 1mm 的荧光光纤。荧光光纤纤芯和外壳材料均由损耗较小的 PMMA 材料制成。

利用 TEM 小室测量了一体化传感器的特高频性能，使用 100kHz～3GHz 的扫频源施加在 TEM 小室两极激发电场，通过测量频带为 10Hz～3.6GHz 的频谱分析仪测量传感器的输出信号。测量得到的等效高度如图 3-20 所示，从图中可以看出，传感器最大等效高度为 20mm，在 300～1200MHz 内具有良好的响应，平均等效高度为 8mm。现场对于特高频传感器的性能参数进行了规定，要求特高频传感器的平均等效高度不小于 6mm，可以看出研制的特高频-光纤一体化传感器具有较好的特高频测量性能，满足现场使用需求。

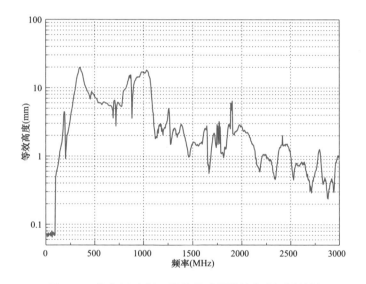

图 3-20　特高频-光纤一体化传感器等效高度测量结果

对于密封的问题，虽然在设计的过程中已有相关的设计，但还需要进行进一步的检验。为检验传感器的密封性是否合格，采用更适合局部密封性检测的局部包扎法：在 GIS 经真空检漏并静止 SF_6 气体 5h 后，用塑料薄膜在法兰接口等处包扎，再过 24h 后进行检测，如果有一处薄膜内 SF_6 气体的浓度大于 $30×10^{-6}$，则该气室漏气率不合格。如果所有包扎薄膜内 SF_6 气体的浓度均小于 $30×10^{-6}$，则认为该气室漏气率合格。

利用特高频-光学复合传感器检测 GIS 内部局部放电时，存在特高频信号通道和光信号通道。基于特高频-光纤一体化传感器建立的检测系统如图 3-21 所示，特高频信号通过高频同轴电缆进行传输，然后经过放大和滤波调理后被测量；光信号利用光纤传输至光电转化装置，转化为电信号后由信号采集设备测量。

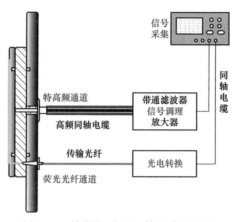

图 3-21　特高频-光纤一体化检测系统

由于复合传感器在 300～1200MHz 频率范围内具有良好的特高频信号检测性能，所以首先采用 200～1500MHz 的带通滤波器对特高频通道的信号进行滤波处理，同时排除了空气中的低频电晕放电信号和高频的通信信号对检测结果的干扰。另外大部分缺陷下放电信号较小，需要对信号进行放大处理，所以采用放大增益为 20dB 的放大器对信号进行了放大。

荧光光纤通道的信号首先通过传输光纤传输至光电转换模块，然后将光电转换后得到的电信号通过同轴电缆传输至信号采集装置。传输光纤选用直径为 1mm 的 PMMA 普通塑料光纤，与检测用的荧光光纤直径相匹配，尽可能地减少了由于传输而产生的损耗。局部放电产生的光信号极其微弱，所以选用了具有较强放大能力的光电倍增管（PMT）作为光电转换模块。根据尺寸不同，光电倍增管可以分为传统的大尺寸光电倍增管和微型光电倍增管模块。传统的大尺寸光电倍增管感光面积大、灵敏度高，但工作时需要高压稳压电源，不便于现场使用。微型光电倍增管模块由光电倍增管、高压电源和分压器三部分组成，高压电源提供外加电场，分压器将电压施加到每一个倍增极上，光电倍增管实现光电转化和电子倍增形成电流信号。某些光电倍增管模块还会内置电流-电压转换器，输出电压信号以供检测。光电倍增管模块尺寸较小，使用时只需要供给±5V（或+5V）的电压源，外接电路简单，适合于现场应用。

由于荧光光纤的发射光谱为422~605nm，选用了 H10722 系列光电倍增管模块作为后续的光电转换模块，其检测光谱范围为230~870nm，如图 3-22 所示，该型号的光电倍增管模块内部集成了 1V/μA 的电流-电压转换器。

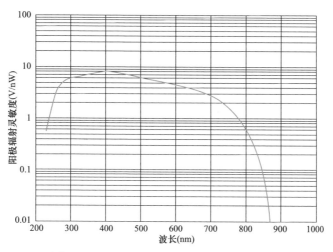

图 3-22　H10722 型光电倍增管光谱响应曲线

――― 第二节 ―――

GIS 局部放电光-电联合特性及机理

一、试验平台

基于研制的特高频-光纤一体化传感器，在110kV 实体 GIS 上开展局部放电检测试验，对比分析典型绝缘缺陷下的光电信号特性，试验系统如图 3-23 所示。

试验中通过 250kV/250kVA 的工频试验变压器施加工频电压于 110kV 电压等级 GIS 试验平台，通过分压比为 1003：1 的电容分压器测量工频电压。110kV 试验平台为三相共体 GIS，将复合传感器安装在距离 GIS 高压套管最近的气室，并在该气室内部设置安装典型绝缘放电缺陷，试验中气室内充有

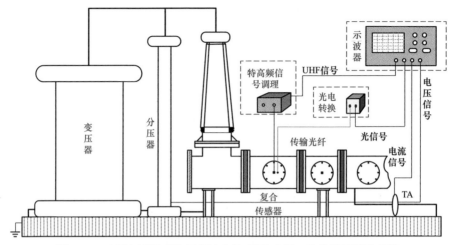

图 3-23 工频电压下 GIS 局部放电特高频-光纤—体化检测试验系统

0.55MPa 的 SF_6 气体。通过复合传感器和高频电流传感器（CT）同时检测放电产生的特高频信号、光信号以及脉冲电流信号。特高频信号经过信号调理模块进行放大滤波处理，光信号通过光电转换模块转换为电信号。三路局部放电信号和分压器检测到的电压信号通过相同长度的同轴电缆连接到高速数字示波器，四路信号被示波器同时记录。使用的电流传感器在 100kHz ～ 102MHz 的频率范围内具有较好的响应，平均灵敏度为 2.4V/A。

金属尖刺缺陷（以下简称尖刺缺陷）为固定在导杆上的金属针电极，其长度为 20mm，导杆外表面距离外壳内表面的间隙距离较长，为 145mm，试验中采用的尖刺电极曲率半径为 47μm 的三种尖刺，如图 3-24 所示。与实验室中的尖-板模型电极相比，实体导杆尖刺缺陷间隙距离较长，放电还会受到稍不均匀背景电场的影响。

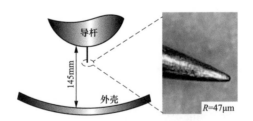

图 3-24 实体 GIS 中金属导杆尖刺缺陷示意图

利用环氧介质将金属丝与导杆相隔离，从而在金属丝和导杆之间形成气体间隙，制成悬浮电位缺陷，如图 3-25 所示。

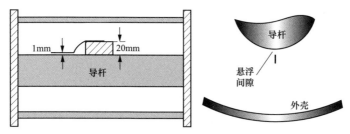

图 3-25 悬浮电位缺陷示意图

环氧介质为 $50\text{mm} \times 20\text{mm} \times 20\text{mm}$ 的长方体，金属丝最远处距离导杆 20mm，最近处距离导杆 1mm，直径为 0.8mm，曲率半径为 0.4mm。悬浮缺陷和特高频-光纤复合传感器的相对位置与导杆尖刺缺陷下相同。设置的悬浮电位缺陷引起的电场集中主要出现在导杆和悬浮金属丝之间形成的间隙处，该处的场强远高于其他位置，所以放电主要发生在悬浮间隙中。试验过程中 GIS 内部 SF_6 气体气压为 0.55MPa，即为其正常运行气压。

此外还在绝缘子沿面设置了沿面缺陷模型，如图 3-26 所示，绝缘子沿面缺陷长度为 20mm，直径为 1mm，距离导杆最近距离为 12mm。

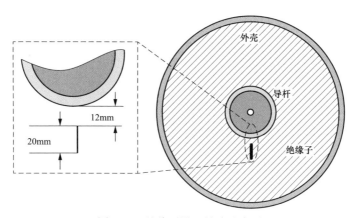

图 3-26 绝缘子沿面缺陷示意图

一体化传感器安装在 GIS 母线段。传感器正对导杆尖刺缺陷，传感器中心和缺陷之间的距离为 16.5cm，试验时 GIS 中充有 0.55MPa 的 SF_6 气体。

二、GIS 典型缺陷局部放电光电特性试验结果

未布置缺陷时，GIS 设备在运行电压下，特高频和光学通道均未检测到放电信号，无缺陷时域波形图如图 3-27 所示。

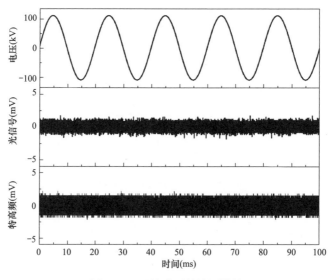

图 3-27　无缺陷下的检测结果

导杆尖刺缺陷下的局部放电信号检测结果如图 3-28 所示。对于金属尖刺缺陷，当电压升高至 53kV（有效值）时，荧光光纤通道先检测到放电信号，而此时特高频未检测到放电信号，如图 3-28（a）所示。

当继续升高电压至 69kV 时，复合传感器特高频通道开始检测到信号，如图 3-28（b）所示。当外施电压比较高的时候，复合传感器荧光光纤和特高频通道都检测到强烈的放电信号，如图 3-28（c）所示。可以看出，对于导杆尖刺缺陷，荧光光纤法相比于特高频法具有更高的检测灵敏度。

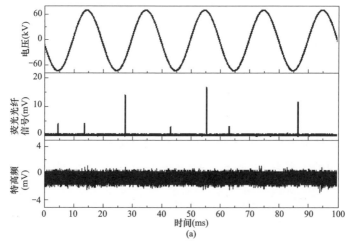

图 3-28　复合传感器尖刺缺陷局放检测结果（一）

（a）53kV

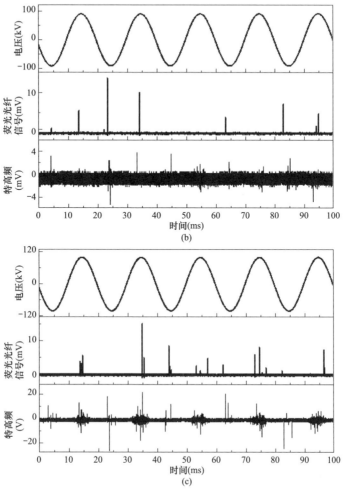

图 3-28 复合传感器尖刺缺陷局放检测结果（二）

(b) 69kV；(c) 90kV

　　悬浮电位缺陷下的检测结果如图 3-29 所示。该缺陷下，荧光光纤和特高频通道同时检测到放电信号，起始放电电压均为 88kV，如图 3-29（a）所示。检测到的放电信号幅值较大，荧光光纤信号约为 2.5V 左右，特高频信号幅值为 1V 左右。光信号脉冲和特高频脉冲一一对应，放电主要出现在工频电压的上升沿和下降沿处。浮缺陷产生的局部放电是一种剧烈的火花放电，放电过程中会同时向外辐射强烈的光和电磁波信号，并在回路中流过可观的电流信号，从而每次放电中都可以检测到一一对应的三种信号脉冲，放电主要发生在工频电压的上升沿和下降沿处。随着施加电压的提高，各个周期内的放电脉冲均明显增加，如图 3-29（b）所示。

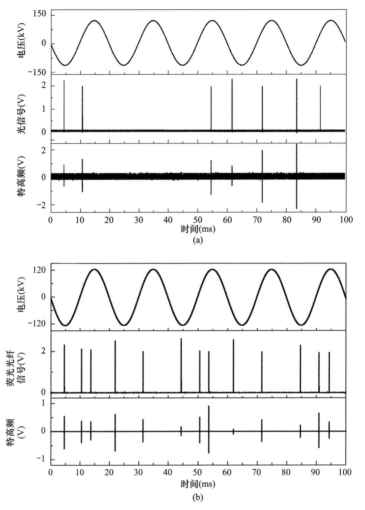

图 3-29　复合传感器悬浮缺陷局放检测结果

（a）88kV；（b）96kV

沿面缺陷下，当外施电压达到 59kV 时，特高频和光信号通道同时检测到放电脉冲，如图 3-30（a）所示。

比较两种方法的检测结果，可以看到在某次放电过程中会出现只检测到了光信号脉冲而未伴随着特高频脉冲的情况，如图 3-30（b）所示。如图 3-30（c）所示，随着外施电压的升高，两通道检测得到的脉冲数量都有所增加，某些周期内逐渐出现幅值远大于其他脉冲的光信号脉冲。两种检测法检测到的放电脉冲数明显增加，多个工频周期内都出现了幅值较大的光脉冲或特高频脉冲信号。整个测量过程中，脉冲电流法由于抗干扰性差、灵敏度低，只在高电压下某些周期内检测到个别脉冲。

当 GIS 设备内部存在尖刺缺陷时，特高频和光学脉冲在时域下不对应出现，所以无法比较两种信号之间的幅值关系，而悬浮电位和沿面缺陷下放电量大，光测法、特高频法以及脉冲电流法具有相同的检测灵敏度，放电脉冲信号一一对应，悬浮电位和沿面放电得到的脉冲如图 3-31 和图 3-32 所示，可以看出两种缺陷下脉冲波形相似。

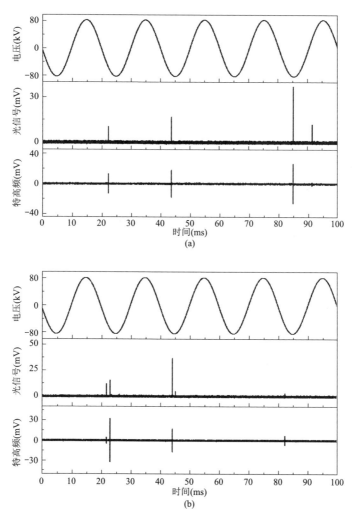

图 3-30　复合传感器绝缘子沿面缺陷局放检测结果（一）

(a) 59kV；(b) 69kV

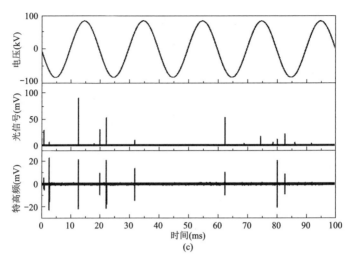

图 3-30　复合传感器绝缘子沿面缺陷局放检测结果（二）

（c）89kV

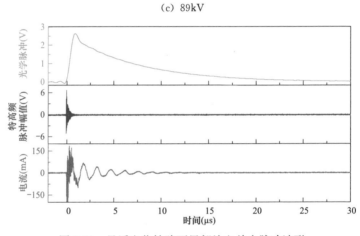

图 3-31　悬浮电位缺陷下局部放电单个脉冲波形

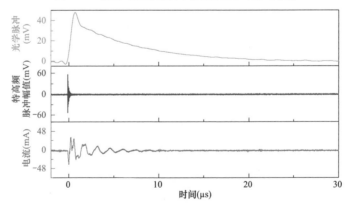

图 3-32　沿面缺陷下局部放电单个脉冲波形

统计悬浮缺陷下的放电脉冲，分别分析光脉冲幅值、特高频脉冲幅值和放电量的关系，结果如图 3-33 所示。

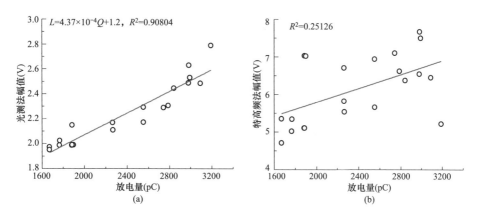

图 3-33　不同局部放电检测方法幅值对应关系

（a）光测法幅值和放电量的关系；（b）特高频幅值和放电量的关系

L—光测法幅值；Q—放电量；R^2—拟合系数

对得到的结果进行线性拟合，结果表明，光测法信号的幅值和放电量之间呈现线性关系，拟合优度为 0.90804，如图 3-33（a）所示，拟合表达式截距为正，表明光测法相比于脉冲电流法具有更高的检测灵敏度；虽然特高频信号幅值整体上随着放电量的增大而增大，但是两者之间不存在线性关系，拟合优度仅为 0.25126，如图 3-33（b）所示。

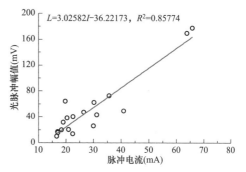

图 3-34　盆子沿面缺陷脉冲电流和荧光光纤检测信号拟合关系

沿面缺陷下，脉冲电流法和荧光光纤法检测到的信号的幅值之间的关系如图 3-34 所示，两者之间也近似为线性关系，而特高频信号也和放电量之间呈现非线性的关系。

工频电压下，通过荧光光纤检测法检测 GIS 尖端缺陷的局部放电的脉冲如图 3-35 所示，可以看出放电主要出现在工频电压的峰值附近。

在局部放电的起始阶段，通过荧光光纤法检测到的放电信号主要出现在工频电压的负半周，如图 3-36（a）所示。此时的放电脉冲以单个脉冲的形式出现在工频电压的负半周的峰值附近，如图 3-36（b）所示。

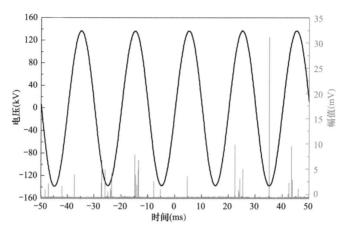

图 3-35　工频电压下 GIS 中尖端缺陷荧光光纤法检测的局部放电脉冲

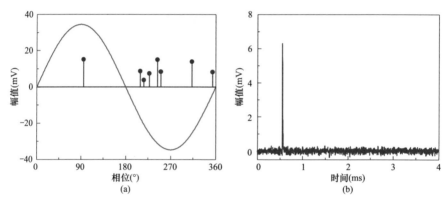

图 3-36　51.25kV 下金属尖端缺陷局部放电谱图和放电脉冲

（a）PRPD 谱图；（b）典型放电脉冲（负半周）

随着电压的升高，在工频电压的正半周也检测到放电信号，如图 3-37（a）所示。正、负半周的放电脉冲都是单个脉冲的形式出现，如图 3-37（b）所示，随着电压的升高，放电脉冲的幅值也有所增加。

当电压继续升高时，正半周检测到的放电信号增多很大，放电数多于负半周，如图 3-38（a）所示，此时在负半周的放电脉冲依然为单个脉冲的形式，但幅值较大，为 20mV 左右，而在正半周的放电脉冲以大小不等的脉冲簇的形式出现，幅值较小，在 10mV 左右，脉冲间隔 0.5ms 左右，如图 3-38（b）所示，放电脉冲也有以较大的单个脉冲出现，幅值在 20mV 左右。

当电压比较高时，正负半周的放电量都比较多，如图 3-39（a）所示。此时负半周的放电脉冲呈现如图 3-39（b）所示的大小不等的脉冲簇，而正半周

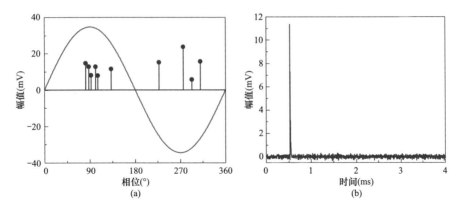

图 3-37　61.04kV 下金属尖端缺陷局部放电谱图和放电脉冲

（a）PRPD 谱图；（b）典型放电脉冲（正半周）

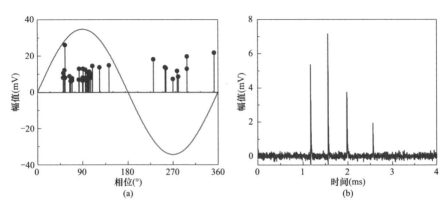

图 3-38　92.25kV 下金属尖端缺陷局部放电谱图和放电脉冲

（a）PRPD 谱图；（b）典型放电脉冲（正半周）

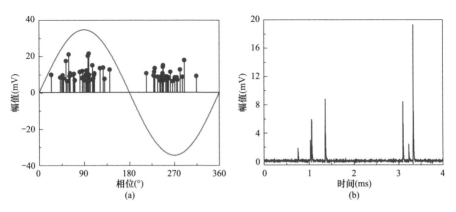

图 3-39　123.15kV 下金属尖端缺陷局部放电谱图和放电脉冲

（a）PRPD 谱图；（b）典型放电脉冲（正半周）

的放电呈现为脉冲簇的组合，如图 3-39（b）所示，每个脉冲簇中都有一较大的放电脉冲，在该幅值大的放电脉冲的前后会存在一些幅值较小的脉冲，脉冲簇中的脉冲相隔约 0.2ms 左右，两个脉冲簇之间间隔约 1ms 左右。

随着电压的升高，通过荧光光纤法检测到的放电次数如图 3-40 所示，可以看出，随着电压的升高，检测到的放电次数明显升高，同时可以看出在负半周的放电次数是少于正半周的放电次数的。

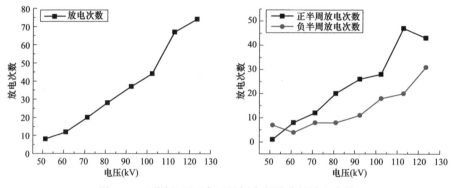

图 3-40　不同电压下高压导杆尖刺缺陷的放电次数

但是，随着电压的升高，通过荧光光纤法检测到的放电幅值变化不大，如图 3-41 所示。为正负半周的放电幅值，从图中可以看出，正负半周的放电幅值也相差不大。

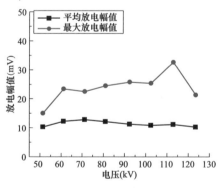

图 3-41　不同电压下高压导杆尖刺缺陷的全周期放电幅值

试验中改变缺陷的放置位置，将其放置在导体的不同角度，研究检测角度对检测结果的影响，结果显示检测角度对检测结果没有明显影响。这是由于 GIS 内壁粗糙，光子在此处发生漫反射，导致到达传感器的信号基本与角度无关，这说明只要光源至检测点距离相等，光源的位置对检测点接收光信号并不会有影响。不同电压下高压导杆尖刺缺陷的正、负半周放电幅值如图 3-42 所示。

工频电压下，通过荧光光纤检测法检测 GIS 悬浮缺陷的局部放电的脉冲如图 3-43 所示。可以看出，放电主要出现在工频电压的上升和下降处。

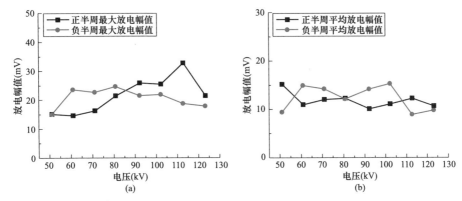

图 3-42　不同电压下高压导杆尖刺缺陷的正、负半周放电幅值

（a）最大放电幅值；（b）平均幅值

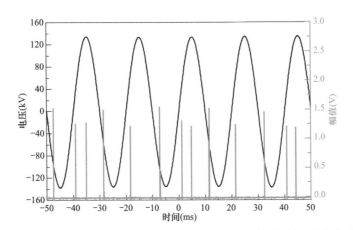

图 3-43　工频电压下 GIS 中悬浮电位荧光光纤法检测的局部放电脉冲

不同电压下悬浮缺陷的谱图分布如图 3-44 所示，从图中可以看出，通过荧光光纤法检测到的谱图和常规的电测法检测的结果相似，放电呈矩形分布。随着电压的变化放电次数的变化如图 3-45 所示。

从图 3-45 中可以看出，放电次数随着电压的升高整体呈现上升趋势，同时，正半周的放电次数少于负半周的放电次数。

随着电压的变化，检测到的放电幅值变化如图 3-46 和图 3-47 所示，从图中可以看出，随着电压的升高，放电幅值变化不大，正半周的放电幅值大于

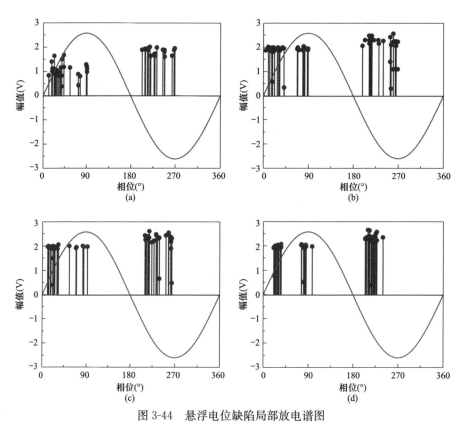

图 3-44　悬浮电位缺陷局部放电谱图

（a）87.96kV；（b）93.57kV；（c）109.20kV；（d）120.21kV

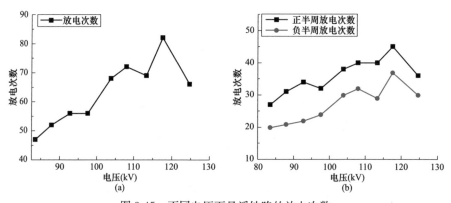

图 3-45　不同电压下悬浮缺陷的放电次数

（a）总放电次数；（b）正、负半周放电次数

负半周的放电幅值。

工频电压下，通过荧光光纤检测法检测 GIS 沿面缺陷的局部放电的脉冲如图 3-48 所示。

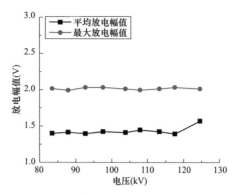

图 3-46   不同电压下悬浮缺陷的放电幅值

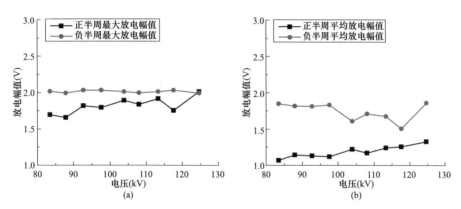

图 3-47   不同电压下悬浮缺陷正、负半周的放电幅值

（a）最大放电幅值；（b）平均放电幅值

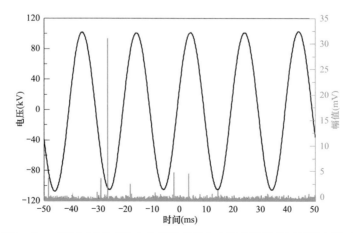

图 3-48   工频电压下 GIS 中盆子沿面荧光光纤法检测的局部放电脉冲

不同电压下，通过荧光光纤法检测到的放电谱图如图 3-49 所示，从图中

可以看出，在负半周的放电多于正半周，而且负半周的放电在负半周会出现幅值相当大的放电信号。随着电压的升高，放电出现的位置向左移动，同时大幅值的放电信号数量增多。当电压升高至98.52kV时，盆子沿面发生了闪络。

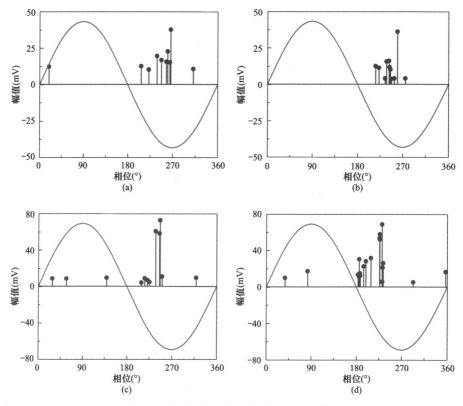

图 3-49　盆式绝缘子沿面缺陷局部放电谱图

(a) 62.41kV；(b) 73.08kV；(c) 83.53kV；(d) 92.53kV

随着电压的变化，沿面缺陷的放电次数的变化如图 3-50 所示，从图中可以看出，随着电压的升高，放电次数整体上是有所增加的，负半周的放电次数是多于正半周的放电次数。特别的是，当电压从 73.05kV 升高至 77.84kV 时，放电次数的升高尤其明显，升高的幅度比较大。

随着电压的升高，放电幅值的变化如图 3-51 所示。从整体上来看，放电的幅值呈现上升的趋势，负半周的最大放电幅值是大于正半周的放电幅值（见图 3-52）。与放电次数相类似，当电压从 73.05kV 升高至 77.84kV 时，最大放电幅值的变化比较明显，但是平均放电幅值变化不是很明显，这主要是因为放电中的最大放电幅值相比于其他的放电幅值相差比较大。

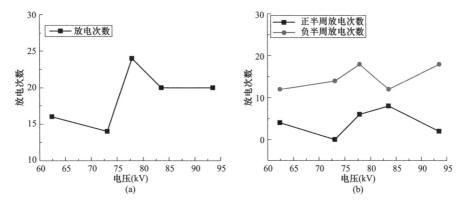

图 3-50　不同电压下沿面缺陷的放电次数

（a）总放电次数；（b）正、负半周放电次数

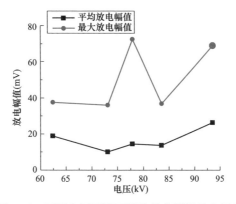

图 3-51　不同电压下沿面缺陷的全周期放电幅值

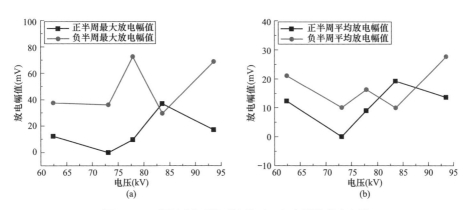

图 3-52　不同电压下沿面缺陷正、负半周的放电幅值

（a）最大放电幅值；（b）平均放电幅值

三、局部放电光电信号影响因素

由于在实验室中使用的实际 GIS 腔体尺寸较小，而特高频信号作为以场的形式传播的电磁波信号本身衰减较小，所以试验检测结果表明特高频信号未发生可以明显检测出的信号变化。而光信号容易受到遮挡的影响，信号变化明显，所以本节主要对光学信号传播特性进行研究。

（一）检测距离的影响

为研究距离对光信号传播的影响，分别在三个不同的位置布置了相同的金属尖端缺陷，缺陷的布置示意图如图 3-53 所示。

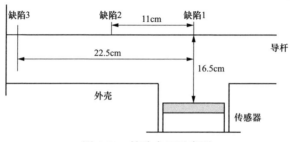

图 3-53 缺陷布置示意图

分别统计不同电压下各个缺陷下的放电次数和放电量的变化，如图 3-54 和图 3-55 所示。从图中可以看出，不同距离下，光测法检测到的放电次数明显变小，而放电量基本没有发生变化。

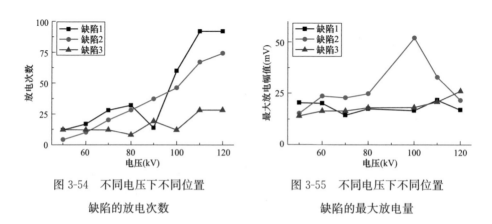

图 3-54 不同电压下不同位置 缺陷的放电次数

图 3-55 不同电压下不同位置 缺陷的最大放电量

以缺陷 1（距离传感器距离 16.5cm）的放电次数为参考，分别计算缺陷

2 和缺陷 3 在不同电压下单位距离下放电次数衰减的百分比，得到的结果如图 3-56 和图 3-57 所示。从图中的结果可以看出，在电压较低时，放电次数的衰减并不稳定，随着电压的升高，衰减次数最终稳定在某一值附近。可以看出，缺陷 3，即距离传感器最远的缺陷（距离传感器 27.9cm）和缺陷 2（距离传感器 19.8cm）最终衰减相近，约为 6%/cm。可以看出，衰减的速度与距离无关，衰减量与距离成正比。

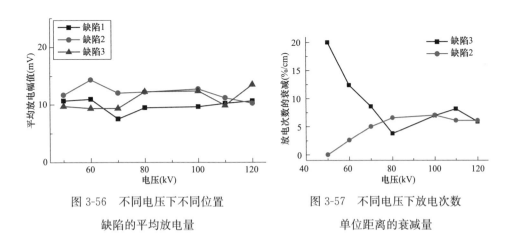

图 3-56　不同电压下不同位置
缺陷的平均放电量

图 3-57　不同电压下放电次数
单位距离的衰减量

（二）绝缘子的影响

在 GIS 实验平台中某一气室布置了缺陷，分别在缺陷气室和相邻的气室进行了测量，盆子为可通气的活盆子，如图 3-58 所示，盆子上有三个通气孔。

检测的结果表明，对于金属尖端缺陷以及沿面缺陷，光测法在相邻的气室中都均未检测到放电信号。

对于放电幅值较大的悬浮缺陷，光测法检测到了信号。两次检测时传感器和缺陷之间的布置如图 3-59所示，两次实验相比较，除了有盘式绝缘子的影响，两次检测的时候与缺陷的距离也有所不同。

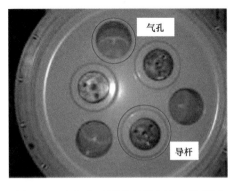

图 3-58　GIS 实验平台的通气盆式绝缘子

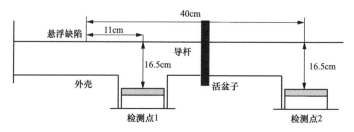

图 3-59　传感器和缺陷相对位置示意图

在缺陷气室检测时，光检测法检测到局部放电时的起始电压为 100.33kV，而在相邻气室检测时，起始电压为 105.66kV，相差不大。

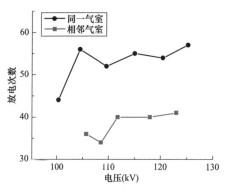

图 3-60　相邻气室检测到的放电次数

但是，两次检测得到的放电次数以及放电量都有很大的区别，如图 3-60～图 3-62 所示。从图中可以看出，不管是放电次数还是放电的幅值，相邻气室检测的结果都比同一气室检测的结果要小很多。放电次数大约减少了 25.69%，而放电量变化较大，最大放电量减小了约 94.44%，平均放电量减小了 96.42%。放电次数的减少主要是因为在相邻气室进行检测时，需要一定入射角度的光信号才可能经过反射被传感器检测到。而放电量的减少主要是因为光信号在传播中存在衰减。

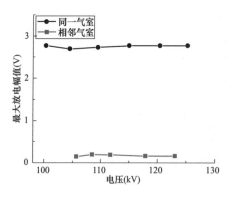

图 3-61　相邻气室检测到的最大放电量

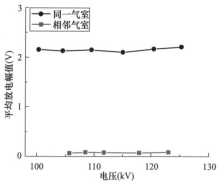

图 3-62　相邻气室检测到的平均放电量

（三）光学信号影响规律

GIS 相邻气室之间，用盆式绝缘子隔开，而盆式绝缘子分为带通气孔盆式绝缘子和不带通气孔盆式绝缘子。对于不带通气孔的盆式绝缘子，因为其完全不透光，因此不做研究。此处仅研究带通气孔盆式绝缘子对相邻气室光传播的影响。

如图 3-63 所示，设置盆式绝缘子两侧气室长度都为 100cm，检测点位于左侧气室中部。盆式绝缘子上均匀分布 6 个通气孔，孔直径为 6cm，绝缘子厚 5cm。

设置光源在右侧气室盆式绝缘子上，计算最终到达检测点的光信号。图 3-64 为光线在绝缘子内的传播路径，光线颜色深浅表示光程。可以很明显地看到，在右侧气室有光线进入，并且最终有光子到达了检测点上。

 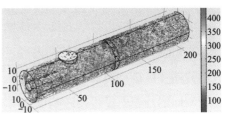

图 3-63　带通气孔盆式绝缘子 GIS 示意图　　　图 3-64　光子路线图

图 3-65 为 1ns 内到达检测点的光子数统计直方图。经统计共有 41 个光子到达检测点，光通量最大值为 4.16×10^{-6} lm。光通量透射率为 85.88%。

设置光源在右侧气室距离盆式绝缘子 50cm 的导杆上，计算最终到达检测点的光信号。由图 3-66 可见，相较于光源在盆式绝缘子上，进入右侧气室的光线减少很多，到达检测点的光子数明显减少。

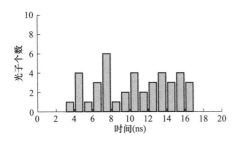 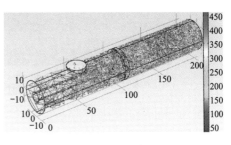

图 3-65　1ns 内到达检测点的光子数统计图　　　图 3-66　光子路线图

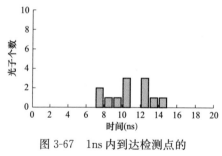

图 3-67　1ns 内到达检测点的
光子数统计图

经统计共有 12 个光子到达检测点，光通量最大值为 2×10^{-6} lm。光通量透射率为 87.14%，1ns 内到达检测点的光子数统计如图 3-67 所示。

由以上结果可以得到，光线可以通过带通气孔盆式绝缘子从相邻气室到达检测点，从理论上讲，检测点可以通过带通气孔盆式绝缘子检测到相邻气室的光信号。但是会大大减少到达检测点的总光子数和光通量，最终大大降低了检测点对相邻气室光信号的检测灵敏度。

（四）GIS 结构和尺寸的影响

1. 特高频信号影响规律

电磁波在不同尺寸的 GIS 中传播，其传播特性可能也会有所不同，本节针对直筒型 GIS 结构中的外壳内径、内导体直径、腔体长度三个因素对电磁波的传播特性进行仿真分析。

不同的外壳内径可能影响电信号在 GIS 中的传播特性。为了探究外壳内径的影响，分别建立了外壳内径为 500mm 和 750mm 的 GIS 腔体，如图 3-68 所示，其他的设置均相同。激励源依然采用理想高斯脉冲，两种尺寸的放电源和观测点位置相同。通过仿真计算，统计测量点的电信号波形。图 3-69 为不同外壳内径的两个模型观测点场强随距离变化曲线。

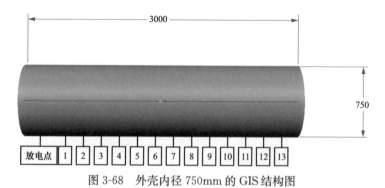

图 3-68　外壳内径 750mm 的 GIS 结构图

由图 3-69 可知，外壳内径尺寸为 750mm GIS 的电场强度整体上较内径尺寸为 500mm GIS 的电场强度大，且二者的变化趋势相似，均为震荡衰减的过程，但外壳内径尺寸大的电场强度曲线下降的较快。因此，当放电发生在内导体周围时，外壳内径较大的 GIS，电磁波信号强度较强，但衰减较快。

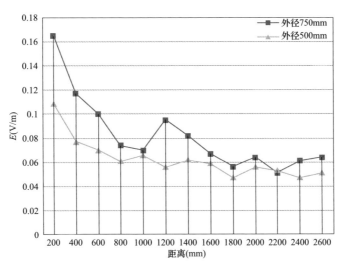

图 3-69　不同电压等级 GIS 下观测点场强随距离变化曲线

2. 光学信号影响规律

实际中的 GIS 气室具有不同的长度，以 252kV 的直线型 GIS 气室为例，仿真研究气室的长度对光信号传播特性的影响，传感器安装在气室的中部。不同长度气室中相同位置的光子数变化率最大值如图 3-70 所示。从图中结果可以看出，虽然不同长度的气室中传感器处检测得到的总光子数随着气室的长度增加而有所减小，但是光子数变化率最大值相同。

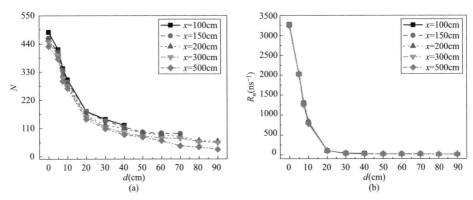

图 3-70　不同长度气室中测量得到的光信号参量

（a）总光子数；（b）光子数变化率最大值

x—气室长度；d—检测距离；N—总光子数；R_n—光子数变化率

对于不同电压等级的 GIS 来说，其气室径向尺寸差别较大。不同电压等级下的 GIS 气室中的光信号参量如图 3-71 所示。从仿真结果可以看出，随着 GIS 电压等级的提升，由于 GIS 内部空间增加，检测距离较短时，最终到达传感器上的总光子数和光子数变化率最大值明显减小。而当检测距离较长时，光子数变化率最大值较小且相差不大。

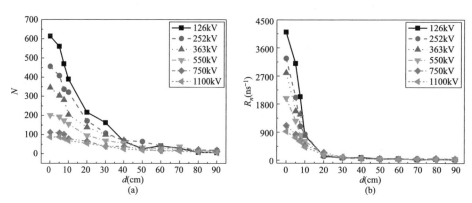

图 3-71　不同电压等级的 GIS 气室中测量得到的光信号参量

（a）总光子数；（b）光子数变化率最大值

在 GIS 中除了直线型结构外，还存在 L 型和 T 型结构两种常见的结构。这两种特殊结构的存在也会对光信号的传播产生影响。建立 L 型、T 型结构的 GIS 仿真模型如图 3-72 所示。仿真气室尺寸采用 252kV 电压等级的 GIS 气室尺寸，L 型结构 GIS 的横向气室长 100cm，纵向气室长 100cm，传感器安装于纵向气室的中部，在纵向气室的导杆上距离传感器 40cm 设置放电源，从而和直线型下的结果进行对比；T 型结构中的横向气室长 200cm，纵向气室

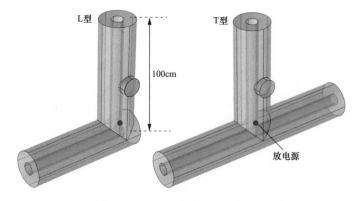

图 3-72　光信号在 L 型和 T 型结构下传播特性仿真模型

长 100cm，传感器位于纵向气室中部，放电源位于相同的位置。

比较三种结构下的结果可以看出，随着时间的增加，在直线型结构中，最终到达传感器的总光子数最多，L 型结构次之，T 型结构最少，如图 3-73（a）所示。三种结构下检测得到的光子数变化率曲线都开始发生振荡，不具有脉冲的样式，此时传感器测量的信号都是光子经过 GIS 外壳或导杆多次反射后形成的信号，如图 3-73（b）所示。直线型检测到的光子数变化率最大值为 31ns^{-1}，L 型结构略小，为 19ns^{-1}，T 型结构最小，为 14ns^{-1}。

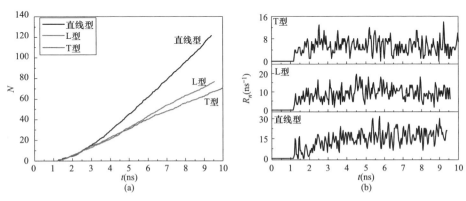

图 3-73　L 型和 T 型结构下的光信号参量变化曲线

（a）光子数；（b）光子数变化率

根据结构和尺寸的仿真结果可以看出，在直线型 GIS 中，当 GIS 内部空间增加时，无论是长度还是径向尺寸增加，到达传感器的总光子数都会减小，因为更大的空间导致光信号具有更多的传播路径；而光传感器测量得到的光子数变化率最大值主要和光源到达传感器的最短距离相关，当放电源和传感器之间存在可以直射到达的路径时，GIS 的径向尺寸会明显影响到传感器检测到的光子数变化率最大值，而长度对此影响不大。与此相似，GIS 中的 L 型和 T 型结构为光信号的传播提供了更多的路径，从而导致到达传感器的总光子数和光子数变化率最大值都在减小。所以，对于短距离的气室来说，光测法在结构单一，径向尺寸小的 GIS 中具有更高的灵敏度。而检测距离较长时，光源发出的光子经过外壳的多次反射，在 GIS 内部空间中近似为均匀分布，尺寸或结构带来的影响会变小。

参 考 文 献

[1] 吴旭涛，马云龙，何宁辉，等. 基于多源数据融合的 GIS 机械故障检测技术 [J].
    高压电器，2022，58（11）：191-196＋204.

[2] 吴旭涛，马波，李秀广，等. 基于有限元分析的不同电压等级 GIS 隔离开关温度场
    仿真研究 [J]. 高压电器，2018，54（11）：160-164＋169.

[3] 吴旭涛，马云龙，李秀广，等. GIS 开关操作外壳振动分布特性仿真研究 [J]. 高压
    电器，2020，56（06）：80-87.

[4] 李秀广，吴旭涛，师愉航，等. 基于声学成像的 GIS 机械故障带电检测系统 [J].
    高压电器，2019，55（05）：42-46.

[5] 李秀广，吴旭涛，朱洪波，等. 基于振动信号的 GIS 触头接触异常研究分析 [J].
    高压电器，2016，52（10）：165-169＋175.

[6] 吴旭涛，张凡，李秀广，等. 三相共体式 GIS 母线管的声振特性仿真研究 [J]. 高
    压电器，2019，55（05）：35-41＋46.

[7] 牛勃，相中华，马飞越，等. 一起小型化 GIS 设备故障分析及改进措施研究 [J].
    高压电器，2022，58（01）：214-220.

[8] 蒋科若，姜炯挺，杨帆，等. GIS 机械振动和局部放电融合检测系统研究 [J]. 高压
    电器，2023，59（08）：154-163＋172.

[9] 周秀，吴旭涛，田天，等. GIS 隔离开关温度分布特性的试验研究 [J]. 电工电能新
    技术，2023，42（06）：71-78.

[10] 梁基重，晋涛，牛曙，等. 基于 EMD-FFT 特征提取的 GIS 机械缺陷诊断方法研究
    [J]. 电力科学与技术学报，2023，38（03）：216-223.

[11] 吴玖汕，赵壮民，杨玥坪，等. GIS 隔离开关接触状态振动—温度联合检测方法
    [J]. 高电压技术，2023，49（01）：207-214.

[12] 吴旭涛，赵晋飞，马云龙，等. 基于多频激励下振动响应的 GIS 机械缺陷诊断方法
    [J]. 电力电容器与无功补偿，2022，43（04）：108-115.

[13] 郝曙光，李璐，张伟政，等. 基于特高频法的 GIS 金属尖端缺陷局部放电检测和分
    析 [J]. 高压电器，2020，56（06）：88-92.

[14] 马波，吴旭涛，李秀广，等. 基于振动信号的 GIS 隔离开关接触状态带电检测技术
    研究 [J]. 智慧电力，2019，47（12）：73-77.

［15］ 蒋玲，曲全磊，王志惠，等. 高温差工况下长母线 GIS 设备振动特性研究 ［J］. 高压电器，2019，55（11）：144-151.

［16］ 刘媛，杨景刚，贾勇勇，等. 基于振动原理的 GIS 隔离开关触头接触状态检测技术 ［J］. 高电压技术，2019，45（05）：1591-1599.

［17］ 马波，吴旭涛，李秀广，等. GIS 温度场分布特性及影响因素的有限元仿真研究 ［J］. 绝缘材料，2019，52（03）：69-73＋79.

［18］ 杨景刚，刘媛，宋思齐，等. GIS 设备机械缺陷的振动检测技术研究 ［J］. 高压电器，2018，54（11）：86-90.

［19］ 齐卫东，牛博，胡德贵，等. 基于有限元的 GIS 水平母线外壳振动仿真研究 ［J］. 高压电器，2018，54（06）：46-52＋59.

［20］ 汲胜昌，王圆圆，李军浩，等. GIS 局部放电检测用特高频天线研究现状及发展 ［J］. 高压电器，2015，51（04）：163-172＋177.

［21］ 陈隽，李劲彬，夏天，等. 绝缘子对 GIS 中电磁波传播特性影响的仿真研究 ［J］. 陕西电力，2014，42（11）：6-8＋33.

［22］ 李军浩，司文荣，杨景岗，等. 直线及 L 型 GIS 模型电磁波传播特性研究 ［J］. 西安交通大学学报，2008（10）：1280-1284.

［23］ 孙泽明，庞培川，张芊，等. 基于可听声波的 GIS 击穿点定位方法 ［J］. 西安交通大学学报，2018，52（10）：88-94＋109.

［24］ 韩旭涛，刘泽辉，李军浩，等. 基于光电复合传感器的 GIS 局放检测方法研究 ［J］. 中国电机工程学报，2018，38（22）：6760-6769.

［25］ 韩旭涛，刘泽辉，张亮，等. GIS 中局部放电光信号传播特性仿真研究 ［J］. 西安交通大学学报，2018，52（06）：128-134.

［26］ 孟岩，梁乃峰，孙大陆，等. 三相共箱式 GIS 局部放电超高频信号特征的研究 ［J］. 绝缘材料，2014，47（03）：79-84.

［27］ 杨景刚，史文，黎大健，等. GIS 直线与 L 型结构中电磁波传播特性的仿真研究 ［J］. 电工电能新技术，2009，28（01）：51-55.